3D打印技术系列丛书

丛书主编　沈其文　王晓斌

液态树脂光固化 3D 打印技术

主编　莫健华

参编　曾　源　陈香生　张李超　翁国梁

　　　周鉴涛　黄　春　郭庆红　刘　伟

　　　马军星　陈卫东　郑泳欣

西安电子科技大学出版社

内容简介

　　本书为 3D 打印技术系列丛书中的一部。全书共分为 9 章，分别为：3D 打印技术概述，液态树脂光固化 3D 打印成形原理及成形工艺，光固化成形的精度及检测，液态树脂光固化 3D 打印成形用材料，3D 打印技术中的数据处理，液态树脂光固化 3D 打印设备与操作流程，液态树脂光固化 3D 打印技术的发展，3D 打印与其他技术相结合的发展和应用案例。

　　本书可作为 3D 打印制造技术相关科研单位和专业技术人员的参考书，也可供关心制造技术发展的不同领域、不同行业的人士以及学生阅读参考。

图书在版编目(CIP)数据

液态树脂光固化 **3D 打印技术**/莫健华主编. —西安：西安电子科技大学出版社，2016.9

3D 打印技术系列丛书

ISBN 978 - 7 - 5606 - 4267 - 3

Ⅰ. ① 液…　Ⅱ. ① 莫…　Ⅲ. ① 树脂—光敏材料—应用—立体印刷—印刷术

Ⅳ. ① TB39　② TS853

中国版本图书馆 CIP 数据核字(2016)第 217352 号

策　　划　陈　婷
责任编辑　陈　婷
出版发行　西安电子科技大学出版社(西安市太白南路 2 号)
电　　话　(029)88242885　88201467　　邮　　编　710071
网　　址　www.xduph.com　　　　　电子邮箱　xdupfxb001@163.com
经　　销　新华书店
印刷单位　陕西百花印刷有限责任公司分公司
版　　次　2016 年 9 月第 1 版　2016 年 9 月第 1 次印刷
开　　本　787 毫米×960 毫米　1/16　印　张　9.25
字　　数　160 千字
印　　数　1～2000 册
定　　价　35.00 元
ISBN 978 - 7 - 5606 - 4267 - 3/TS
XDUP 4559001 - 1

序

3D 打印技术又称为快速成形技术或增材制造技术，该技术在 20 世纪 70 年代末到 80 年代初期起源于美国，是近 30 年来世界制造技术领域的一次重大突破。3D 打印技术是光学、机械、电气、计算机、数控、激光以及材料科学等技术的集成，它能将数学几何模型的设计迅速、自动地物化为具有一定结构和功能的原型或零件。3D 打印技术改变了传统制造的理念和模式，是制造业最具有代表性的颠覆技术。3D 打印技术解决了国防、航空航天、交通运输、生物医学等重点领域高端复杂精细结构关键零部件的制造难题，并提供了应用支撑平台，有极为重要的应用价值，对推进第三次工业革命具有举足轻重的作用。随着 3D 打印技术的快速发展，其应用将越来越普及。

在新的世纪，随着信息、计算机、材料等技术的发展，制造业的发展将越来越依赖于先进制造技术，特别是 3D 打印制造技术。2015 年国务院发布的《中国制造 2025》中，3D 打印技术及其装备被正式列入十大重点发展领域。可见，3D 打印技术已经被提升到国家重要战略基础产业的高度。3D 打印先进制造技术的发展需要大批创新型的人才，这对工科院校、特别是职业技术院校及职业技校学生的培养提出了新的要求。

我国 3D 打印技术正在快速成长，其应用范围不断扩大，但 3D 打印技术的推广与应用尚在起步阶段，3D 打印技术人才极度匮乏，因此，出版一套高水平的 3D 打印技术系列丛书，不仅可以让最新的学术科研成果以著作的方式指导从事 3D 打印技术研发的工程技术人员，以进一步提高我国"智能制造"行业技术研究的整体水平，同时对人才培养、技术提升及 3D 打印产业的发展也具有重大意义。

本丛书主要介绍 3D 打印技术原理、主流机型系列的工艺成形原理、打印材料的选用、实际操作流程以及三维建模和图形操作软件的使用。本丛书共五册，分别为：《液态树脂光固化 3D 打印技术》(莫健华主编)、《选择性激光烧结 3D 打印技术》(沈其文主编)、《黏结剂喷射与熔丝制造 3D 打印技术》(王运赣、王宣主编)、《选择性激光熔化 3D 打印技术》(陈国清主编)、《三维测量技术及应用》（李中伟主编）。

本丛书由广东奥基德信机电有限公司与西安电子科技大学出版社共同策划，由华中科技大学自 20 世纪 90 年代末就从事 3D 打印技术研发并具有丰富实践经验的教授，结合国内外典型的 3D 打印机及广东奥基德信机电有限公司的工业级 SLS、SLM、3DP、SLA、FFF（FDM）3D 打印机和三维扫描仪等代表性产品的特性以及其他各院校、企业产品的特性进行编写，其中沈其文教授对每本书的编写思路、目录和内容均进行了仔细审阅，并从整体上确定全套丛书的风格。

由于编写时间仓促，且要兼顾不同层次读者的需求，本书涉及的内容非常广泛，丛书中的不当之处在所难免，敬请读者批评指正。

编　者

2016 年 6 月于广东佛山

前　言

3D 打印技术也称"增材制造技术"，最早在美国称之为快速原型（Rapid Protoyping，简称 RP），在中国称为"快速成形"。美国 3D Systems 公司创始人查尔斯·胡尔（Charles W. Hull）被公认为是最早奠定快速原型技术道路的先行者。在紫外光设备生产公司 UVP 担任副总裁的查尔斯·胡尔于 1982 年将光学技术应用于制造领域，经数次实验研究后，研发出了"立体光刻法"（Stereo Lithography，SL），这一技术后来成为一种 Rapid Protoyping 的标准技术。

"立体光刻"（SL）技术亦称为"液态树脂光固化成形"，是目前世界上研究最深入、技术最成熟、应用最广泛的一种快速成形方法。目前，采用 SL 方法的有 3D System 公司、EOS 公司、F&S 公司、CMET 公司、D - MEC 公司、Teijin Seiki 公司、Mitsui Zosen 公司、华中科技大学、西安交通大学、武汉滨湖机电技术有限公司等。国内外研究者在 SLA 技术的成形机理、控制制件变形、提高制件精度等方面，进行了大量研究。

SL 技术的成形材料主要有四大系列：Ciba 公司生产的 CibatoolSL 系列；DuPont 公司的 SOMOS 系列；Zeneca 公司的 Stereocol 系列和 RPC 公司（瑞典）的 RPCure 系列。CibatoolSL 系列有以下新品种：用于 SLA - 3500 的 CibatoolSL - 5510，这种树脂可以达到较高的成形速度和较好的防潮性能，还有较好的成形精度；CibaltoolSL - 5210，主要用于要求防热、防湿的环境，如水下作业条件。SOMOS 系列也有新品种 SOMOS 8120，该材料的性能类似于聚乙烯和聚丙烯，特别适合于制作功能零件，也有很好的防潮、防水性能。

目前光固化技术已发展到有桌面型和切片断面投影式的技术，用数字模型的切片断面轮廓图形直接照射到液面，取代了用激光进行扫描的方式，既减少了成形时间有可减小层间阶梯效应造成的误差。

本书在撰写过程中利用了作者主编的由电子工业出版社出版的《快速成形及快速制模》和华中科技大学出版社出版的《液态树脂光固化增材制造技术》中的部分内容，并根据多年来华中科技大学在快速成形技术方面的研究开发成果，汇集了国内外许多学者、公司的研究人员发表的文献资料写成了这本教材。第一章由沈其文撰写，其余章节均由莫健华撰写。本书撰写过程中，华中科技大学的王从军提供了有关三维检测技术的资料，叶春生提供的有关设备控制方面的资料，蔡道生提供的有关设备操作方面的资料，刘洁提供了有关快速制模方面的资料，以及崔晓辉、李奋强、方进秀、樊索、叶华伟、严先文、陈东林、朱月亭、周波等研究人员及研究生的支持，在此一并表示感谢。

莫健华

2016 年 2 月于华科大校园

目　　录

第1章 3D打印技术概述

3D打印技术改变了传统制造的理念和模式，是制造业有代表性的颠覆技术，也是近30年来世界制造技术领域的一次重大突破。3D打印技术解决了国防、航空航天、机械制造、交通运输、生物医学等重点领域关键零部件的制造难题，并提供了应用支撑平台，有极为重要的应用价值，对推进第三次工业革命具有举足轻重的作用。随着3D打印技术的快速发展，其应用将越来越普及。

1.1 3D打印技术简介

1.1.1 3D打印技术的概念

机械制造技术大致分为如下三种方式：

（1）减材制造：一般是用刀具进行切削加工或采用电化学方法去除毛坯中不需要的材料，剩下的部分即是所需加工的零件或产品。

（2）等材制造：利用模具成形，将液体或固体材料变为所需结构的零件或产品。铸造、锻压等均属于此种方式。

减材制造与等材制造均属于传统的制造方法。

（3）增材制造：也称3D打印，是近20年发展起来的先进制造技术，它无需刀具及模具，是用材料逐层累积叠加制造所需实体的方法。

3D打印（Three Dimensional Printing，3DP）技术在学术上又称为"添加制造"（Additive Manufacturing，AM）技术，也称为增材制造或增量制造。根据美国材料与试验协会（ASTM）2009年成立的3D打印技术委员会（F42委员会）公布的定义，3D打印技术是一种与传统材料加工方法截然相反的，基于三维CAD模型数据并通过增加材料逐层制造的方式，是一种直接制造与数学模型完全一致的三维物理实体模型的制造方法。3D打印技术内容涵盖了与产品生命周期前端的"快速原型"（Rapid Prototyping，RP）和全生产周期的"快速制造"(Rapid Manufacturing, RM) 相关的所有工艺、技术、设备类别及应用。

3D打印技术在20世纪80年代后期起源于美国,是最近20多年来世界制造技术领域的一次重大突破。它能将已具数学几何模型的设计迅速、自动地物化为具有一定结构和功能的原型或零件。

分层制造技术(Layered Manufacturing Technique, LMT)、实体自由制造(Solid Freeform Fabrication, SEF)、直接CAD制造(Direct CAD Manufacturing, DCM)、桌面制造(Desktop Manufacturing, DTM)、即时制造(Instant Manufacturing, IM)与3D打印技术具有相似的内涵。3D打印技术获得零件的途径不同于传统的材料去除或材料变形方法,而是在计算机控制下,基于离散/堆积原理采用不同方法堆积材料最终完成零件的成形与制造。从成形角度看,零件可视为由点、线或面叠加而成。3D打印就是从CAD模型中离散得到点、面的几何信息,再与成形工艺参数信息结合,控制材料有规律、精确地由点到面,由面到体地堆积出所需零件。从制造角度看,3D打印根据CAD造型生成零件的三维几何信息,转化为相应的指令后传输给数控系统,通过激光束或其他方法使材料逐层堆积而形成原型或零件,无需经过模具设计制作环节,极大地提高了生产效率,大大降低了生产成本,特别是极大地缩短了生产周期,被誉为制造业中的一次革命。

3D打印技术集中体现了CAD、建模、测量、接口软件、CAM、精密机械、CNC数控、激光、新材料和精密伺服驱动等先进技术的精粹,采用了全新的叠加成形法,与传统的去除成形法有本质的区别。3D打印技术是多种学科集成发展的产物。

3D打印不需要刀具和模具,利用三维CAD模型在一台设备上可快速而精确地制造出结构复杂的零件,从而实现"自由制造",解决传统制造工艺难以加工或无法加工的局限性,并大大缩短了加工周期,而且越是结构复杂的产品,其制造局限性的改善越明显。近20年来,3D打印技术取得了快速发展。3D打印制造原理结合不同的材料和实现工艺,形成了多种类型的3D打印制造技术及设备,目前全世界3D打印设备已多达几十种。3D打印制造技术在消费电子产品、汽车、航空航天、医疗、军工、地理信息、建筑及艺术设计等领域已被大量应用。

1.1.2　3D打印技术的发展史

3D打印技术的发展起源可追溯至20世纪70年代末到80年代初期,美国3M公司的Alan Hebert(1978年)、日本的小玉秀男(1980年)、美国UVP公司的Charles Hull(1982年)和日本的丸谷洋二(1983年)四人各自独立提出了 3D 打印的概念。1986 年，Charles Hull 率先提出了光固化成形（Stereo Lithography Apparatus，SLA），这是 3D 打印技术发展的一个里程碑。同年，他创立了世界上第一家 3D 打印设备的 3D Systems 公司。该公司于 1988 年生产出了世界上第一台 3D 打印机 SLA－250。1988 年，美国人 Scott Crump 发明了另外一种 3D 打印技术——熔融沉积成形（Fused Deposition Modeling，FDM），并成立了 Stratasys 公司。现在根据美国材料与试验协会（ASTM）2009 年成立的 3D 打印技术委员会（F42 委员会）公布的定义，该种成形工艺已重新命名为熔丝制造成形（Fused Filament Fabrication，FFF）。1989 年，C. R. Dechard 发明了选择性激光烧结成形（Selective Laser Sintering，SLS）。1993 年麻省理工大学教授 EmanualSachs 发明了一种全新的 3D 打印技术（Three Dimensional Printing，3DP）。这种技术类似于喷墨打印机，通过向金属、陶瓷等粉末喷射黏结剂的方式将材料逐片成形，然后进行烧结制成最终产品。这种技术的优点在于制作速度快，价格低廉。随后，Z Corporation 获得了麻省理工大学的许可，利用该技术来生产 3D 打印机，"3D 打印机"的称谓由此而来。此后，以色列人 Hanan Gothait 于 1998 年创办了 Objet Geometries 公司，并于 2000 年在北美推出了可用于办公室环境的商品化 3D 打印机。

近年来，3D 打印有了快速的发展。2005 年，Z Corporation 发布 Spectrum Z510，这是世界上第一台高精度彩色添加制造机。同年，英国巴恩大学的 Adrian Bowyer 发起开源 3D 打印机项目 RepRap，该项目的目标是做出"自我复制机"，通过添加制造机本身，能够制造出另一台添加制造机。2008 年，第一版 RepRap 发布，代号为"Darwin"，它的体积仅一个箱子大小，能够打印自身元件的 50%。2008 年，美国旧金山一家公司通过添加制造技术首次为客户定制出了假肢的全部部件。2009 年，美国 Organovo 公司首次使用添加制造技术制造出人造血管。2011 年，英国南安普敦大学工程师打印出了世界首架无人驾驶飞机，造价 5000 英镑。2011 年，Kor Ecologic 公司推出世界上第一辆从表面到零部件都由 3D 打印机打印制造的车"Urbee"，Urbee 在城市时速可达 100 英里（注：1 英里≈1.609 千米），而在高速公路上则可飙升到 200 英里，汽油和甲醇都可以作为它的燃料。2011 年，I. Materialis 公司提供以 14K 金和纯银为原材料的 3D 打印服务。随后还有新加坡的 KINERGY 公司、日本的 KIRA 公司、英国 Renishaw 等许多公司加入到了 3D 打印行业。

国内进行 3D 打印制造技术的研究比国外晚，始于 20 世纪 90 年代初，清华大学、华中科技大学、北京隆源自动成形有限公司及西安交通大学先后于 1991—1993 年间开始研发制造 FDM、LOM、SLS 及 SLA 等国产 3D 打印系统，随后西北工业大学、北京航空航天大学、中北大学、北方恒立科技有限公司、湖南华署公司、上海联泰公司等单位迅速加入3D打印的研发行列之中，这些单位和企业在3D打印原理研究、成形设备开发、材料和工艺参数优化研究等方面做了大量卓有成效的工作，有些单位开发的3D打印设备已接近或达到商品化机器的水平。

随着工艺、材料和装备的日益成熟，3D打印技术的应用范围不断扩大，从制造设备向制造生活产品发展。新兴3D打印技术可以直接制造各种功能零件和生活物品，可以制造电子产品绝缘外壳、金属结构件、高强度塑料零件、劳动工具、橡胶制件、汽车及航空高温用陶瓷部件及各类金属模具等，还可以制造食品、服装、首饰等日用产品。其中，高性能金属零件的直接制造是3D打印技术发展的重要标志之一，2002年德国成功研制了选择性激光熔化3D打印设备(Selective Laser Melting, SLM)，可成形接近全致密的精密金属制件和模具，其性能可达到同质锻件水平，同时电子束熔化(Electron Beam Melting, EBM)、激光近净成形等技术与装备涌现了出来。这些技术面向航空航天、武器装备、汽车/模具及生物医疗等高端制造领域，可直接成形复杂和高性能的金属零部件，解决一些传统制造工艺难以加工甚至无法加工的零部件制造难题。

美国《时代》周刊曾将3D打印制造列为"美国十大增长最快的工业"。如同蒸汽机、福特汽车流水线引发的工业革命，3D打印是"一项将要改变世界的技术"，已引起全球的关注。英国《经济学人》杂志指出，它将"与其他数字化生产模式一起，推动并实现第三次工业革命"，认为"该技术将改变未来生产与生活模式，实现社会化制造"。每个人都可以用3D打印设备开办工厂，这将改变制造商品的方式，并改变世界经济的格局，进而改变人类的生活方式。美国总统奥巴马在2012年提出了发展美国、振兴制造业计划，启动的首个项目就是"3D打印制造"。该项目由国防部牵头，众多制造企业、大专院校以及非营利组织参加，其任务是研发新的3D打印制造技术与产品，使美国成为全球最优秀的3D打印制造中心，使3D打印制造技术成为"基础研发与产品研发"之间的纽带。美国政府已经将3D打印制造技术作为国家制造业发展的首要战略任务予以支持。

3D打印象征着个性化制造模式的出现，在这种模式下，人类将以新的方式合作来进行生产制造，制造过程与管理模式将发生深刻变革，现有制造业格局必将被打破。当前，我国制造业已经将大批量、低成本制造的潜力发挥到极致，未来制造业的竞争焦点将会由创新所主导，3D打印技术就是满足创新开发的有力工具，3D打印技术的应用普及程度将会在一定程度上表征一个国家的创新能力。

1.1.3 3D打印技术的特点和优势

1. 制造更快速、更高效

3D打印制造技术是制作精密复杂原型和零件的有效手段。利用3D打印制造技术由产品CAD数据或从实体反求获得的数据到制成3D原型，一般只需几小时到几十个小时，速度比传统成形加工方法快得多。3D打印制造工艺流程短，全自动，可实现现场制造，因此，制造更快速、更高效。随着互联网的发展，3D打印制造技术还可以用于提供远程制造服务，使资源得到充分利用，用户的需求得到最快的响应。

2. 技术高度集成

3D打印制造技术是CAD、数据采集与处理、材料工程、精密机电加工与CNC数字控制技术的综合体现。设计制作一体化(即CAD/CAM一体化)是3D打印技术的另一个显著特点。在传统的CAD/CAM技术中，由于成形技术的局限，致使设计制造一体化很难实现。而3D打印技术采用的是离散/堆积分层制作工艺，可以实现复杂的成形，因而能够很好地将CAD/CAM结合起来，实现设计与制造的一体化。

3. 堆积制造，自由成形

自由成形的含义有两方面：其一是指可根据3D原型或零件的形状，无需使用工具与模具而自由地成形；其二是指以"从下而上"的堆积方式实现非匀质材料、功能梯度材料的器件更有优势，不受形状复杂程度限制，能够制造任意复杂形状与结构、不同材料复合的3D原型或零件。

4. 制造过程高度柔性化

降维制造(分层制造)把三维结构的物体先分解成二维层状结构，逐层累加形成三维物品。因此，原理上3D打印技术将任何复杂的结构形状转换成简单的二维平面图形，而且制造过程更柔性化。3D打印取消了专用工具，可在计算机管理和控制下制造出任意复杂形状的零件，制造过程中可重新编程、重新组合、连续改变生产装备，并通过信息集成到一个制造系统中。设计者不受零件结构工艺性的约束，可以随心所欲设计出任何复杂形状的零件。可以说，"只有想不到，没有做不到"。

5. 直接制造组合件和可选材料的广泛性

任何高性能难成形的拼合零部件均可通过3D打印方式一次性直接制造出

来，不需要工模具通过组装拼接等复杂过程来实现。3D打印制造技术可采用的材料十分广泛，可采用树脂、塑料、纸、石蜡、复合材料、金属材料或者陶瓷材料的粉末、箔、丝、小块体等，也可是涂覆某种黏结剂的颗粒、板、薄膜等材料。

6. 广泛的应用领域

除了制造3D原型以外，3D打印技术还特别适用于新产品的开发、快速单件及小批量零件的制造、不规则零件或复杂形状零件的制造、模具及模型设计与制造、外形设计检查、装配检验、快速反求与复制，以及难加工材料的制造等。这项技术不仅在制造业的产品造型与模具设计领域，而且在材料科学与工程、工业设计、医学科学、文化艺术、建筑工程、国防及航空航天等领域都有着广阔的应用前景。

综上所述3D打印技术具有的优势如下：

(1) 从设计和工程的角度出发，可以设计更加复杂的零件。

(2) 从制造角度出发，减少设计、加工、检查的工序，可大大缩短新品进入市场的时间。

(3) 从市场和用户角度出发，减少风险，可实时地根据市场需求低成本地改变产品。

1.2　3D打印技术的工作原理

3D打印(Three Dimensional Printing，3DP)技术是一种依据三维CAD设计数据，将所采用的离散材料(液体、粉末、丝材、片材、板或块料等)自下而上逐层叠加制造所需实体的技术。自20世纪80年代以来，3D打印制造技术逐步发展，期间也被称为材料增材制造(Material Increase Manufacturing)、快速原型(Rapid Prototyping)、分层制造(Layered Manufacturing)、实体自由制造(Solid Freeform Fabrication)、3D喷印(3D Printing)等。这些名称各异，但其成形原理均相同。

3D打印技术不需要刀具和模具，利用三维CAD数据在一台设备上可快速而精确地制造出复杂的结构零件，从而实现"自由制造"，解决传统工艺难加工或无法加工的局限，并大大缩短了加工周期，而且越是复杂结构的产品，其制造速度的提升越显著。3D打印技术集中了CAD、CAM、CNC、激光、新材料和精密伺服驱动等先进技术的精粹，采用了全新的叠加堆积成形法，与传统的去除成形法有本质的区别。

3D打印技术的基本原理是将所需成形工件的复杂三维形体用计算机软件辅助设计技术(CAD)完成一系列数字切片处理,将三维实体模型分层切片,转化为各层截面简单的二维图形轮廓,类似于高等数学中的微分过程;然后将切片得到的二维轮廓信息传送到3D打印机中,由计算机根据这些二维轮廓信息控制激光器(或喷嘴)选择性地切割片状材料(或固化液态光敏树脂,或烧结热熔材料,或喷射热熔材料),从而形成一系列具有一个微小厚度的片状实体,再采用黏结、聚合、熔结、焊接或化学反应等手段使其逐层堆积叠加成为一体,制造出所设计的三维模型或样件,这个过程类似于高等数学中的定积分模式。因此,3D打印的原理是三维➡二维➡三维的转换过程。3D打印技术堆积叠层的基本原理过程如图1-1所示。

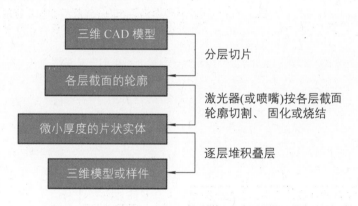

图1-1　3D打印技术堆积叠层的基本原理过程图

　　图1-2所示为花瓶的3D打印实例过程步骤。首先用计算机软件建立花瓶的3D数字化模型图(见图1-2(a));然后用切片软件将该立体模型分层切片,得到各层的二维片层轮廓(见图1-2(b));之后在3D打印机工作台平面上逐层选择性地添加成形材料,并用激光成形头将激光束(或用3D打印机的打印头喷嘴喷射黏结剂、固化剂等)对花瓶的片层截面进行扫描,使被扫描的片层轮廓加热或固化,制成一片片的固体截面层(见图1-2(c));随后工作台沿高度方向移动一个片层厚度;接着在已固化薄片层上面再铺设第二层成形材料,并对第二层材料进行扫描固化;与此同时,第二层材料还会自动与前一层材料黏结并固化在一起。如此继续重复上述操作,通过连续顺序打印并逐层黏合一层层的薄片材料,直到最后扫描固化完成花瓶的最高一层,就可打印出三维立体的花瓶制件(见图1-2(d))。

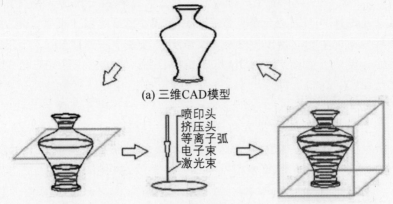

(a) 三维CAD模型

(b) 用切片软件切出模型
二维片层轮廓　(c) 打印成形并固化制件的
二维片层轮廓　(d) 层层叠加二维轮廓，
最终获得三维制件

图1-2　3D打印三维→二维→三维的转换实例

1.3　3D打印技术的全过程

3D打印技术的全过程可以归纳为前处理、打印成形、后处理三个步骤(见图1-3)。

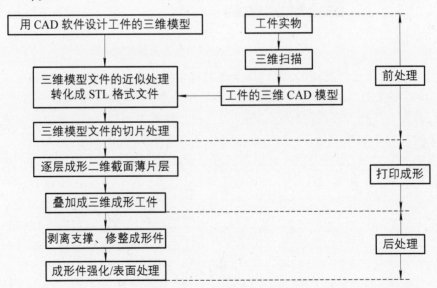

图1-3　3D打印技术的全过程

1. 前处理

前处理包括工件三维 CAD 模型文件的建立、三维模型文件的近似处理与切片处理、模型文件 STL 格式的转化。

2. 打印成形

打印成形是 3D 打印技术的核心，包括逐层成形制件的二维截面薄片层以及将二维薄片层叠加成三维成形制件。

3. 后处理

后处理是对成形后的 3D 制件进行的修整，包括从成形制件上剥离支撑结构、成形制件的强化(如后固化、后烧结)和表面处理(如打磨、抛光、修补和表面强化)等。

1.3.1 工件三维 CAD 模型文件的建立

所有 3D 打印机(或称快速成形机)都是在制件的三维 CAD 模型的基础上进行 3D 打印成形的。建立三维 CAD 模型有以下两种方法。

1. 用三维 CAD 软件设计三维模型

用于构造模型的 CAD 软件应有较强的三维造形功能，即要求其具有较强的实体造形和表面造形功能，后者对构造复杂的自由曲面有重要作用。三维造形软件种类很多，包括 UG、Pro/Engineer、Solid Works、3DMAX、MAYA等，其中 3DMAX、MAYA 在艺术品和文物复制等领域应用较多。

三维 CAD 软件产生的输出格式有多种，其中常见的有 IGES、STEP、DXF、HPGL 和 STL 等，STL 格式是 3D 打印机最常用的格式。

2. 通过逆向工程建立三维模型

用三维扫描仪对已有工件实物进行扫描，可得到一系列离散点云数据，再通过数据重构软件处理这些点云，就能得到被扫描工件的三维模型，这个过程常称为逆向工程或反求工程(Reverse Engineering)。常用的逆向工程软件有多种，如 Geomagics Studio、Image Ware 和 MIMICS 等。

在逆向工程中，由实物到 CAD 模型的数字化包括以下三个步骤(见图 1-4)：

(1) 对三维实物进行数据采集，生成点云数据。

(2) 对点云数据进行处理(对数据进行滤波以去除噪声或拼合等)。

(3) 采用曲面重构技术，对点云数据进行曲面拟合，借助三维 CAD 软件生成三维 CAD 模型。

图1-4 由实物到CAD模型的步骤

1.3.2 三维扫描仪

工业中常用的三维扫描仪有接触式和非接触式(激光扫描仪或面结构光扫描仪)。常用的三维扫描仪如图1-5所示,其中,接触式单点测量仪(见图1-5(a))的测量精度高,但价格贵,测量速度慢,而且不适合现场工况,仅适合高精度规则几何体机械加工零件的室内检测;非接触式扫描仪(见图1-5(b)、(c))采用光电方法可对复杂曲面的三维形貌进行快速测量,其精度能满足逆向工程的需要,而且对物体表面不会造成损伤,最适合文物和仿古现场的复制需要。非接触式扫描仪中面结构光面扫描仪的速度比激光线扫描仪快,应用更广泛。

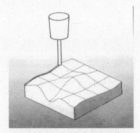

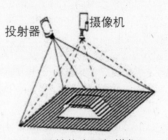

(a) 接触式单点测量仪　　　(b) 激光线扫描仪　　　(c) 面结构光面扫描仪

图1-5 常用三维扫描仪举例

面结构光面扫描仪的原理如图1-5所示,使用手持式三维测量仪(见图1-5(a))对被测物体测量时,使用数字光栅投影装置向被测物体投射一系列编码光栅条纹图像并由单个或多个高分辨率的CCD数码相机同步采集经物体表面调制而变形的光栅干涉条纹图像(见图1-5(b)、(c)),然后用计算机软件对采集得到的光栅图像进行相位计算和三维重构等处理,可在极短时间内获得复杂工件表面完整的三维点云数据。

面结构光面扫描仪测量速度快,测量精度高(单幅测量精度可达0.03毫米),便携性好,设备结构简单,适合于复杂形状物体的现场测量。这种测量仪可广泛应用于常规尺寸(10 mm~5 m)下的工业检测、逆向设计、物体测量和文物复制(见图1-6)等领域。特别是便携式3D扫描仪(见图1-7)可以快速地对任意尺寸的物体进行扫描,不需要反复移动被测扫描物体,也不需要在物体上做任何标记。这些优势使 3D 扫描仪在文物保护中成为不可缺少的工具。

图 1-6 文物扫描复制图例

图 1-7 便携式 3D 扫描仪

1.3.3 三维模型文件的近似处理与切片处理

建立三维 CAD 模型文件之后，还需要对模型进行近似处理或修复近似处理可能产生的缺陷，再对模型进行切片处理，才能获得 3D 打印机所能接受的模型文件。

1. 三维模型文件的近似处理

由于工件的三维模型上往往有一些不规则的自由曲面，所以成形前必须对其进行近似处理。目前在 3D 打印中最常见的近似处理方法是将工件的三维 CAD 模型转换成 STL 模型，即用一系列小三角形平面来逼近工件的自由曲面。选择不同大小和数量的三角形就能得到不同曲面的近似精度。经过上述近似处理的三维模型称为 STL 模式，它由一系列相连的空间三角形面片组成（见图 1-8）。STL 模型对应的文件称为 STL 格式文件。典型的 CAD 软件都有转换和输出 STL 格式文件的接口。

2. 三维模型文件的切片处理

3D 打印是按每一层截面轮廓来制作工件的，因此，成形前必须在三维模型

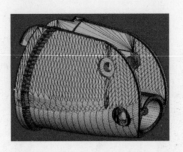

图1-8　STL格式模型

上用切片软件沿成形的高度方向，每隔一定的间隔（即切片层高）进行切片处理，以便提取截面的轮廓。层高间隔的大小根据被成形件的精度和生产率的要求选定。层高间隔愈小，精度愈高，但成形时间愈长。层高间隔的范围一般为0.05～0.5 mm，常用0.1～0.2 mm，在此取值下，能得到相当光滑的成形曲面。切片层高间隔选定之后，成形时每一层叠加材料的厚度应与之相适应。显然，切片层的间隔不得小于每一层叠加材料的最小厚度。

1.4　3D打印机的主流机型

3D打印机是叠加堆积成形制造的核心设备，具有截面轮廓成形和截面轮廓堆积叠加两个功能。根据其扫描头成形原理和成形材料的不同，目前这种设备的种类多达数十种。根据采用材料及对材料处理方式的不同，3D打印机可分为以下几类，见图1-9。

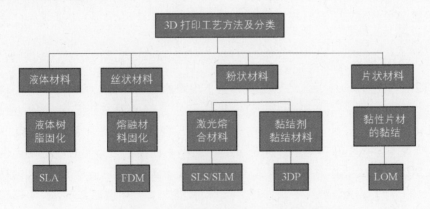

图1-9　3D打印技术主要的成形工艺方法及分类

1.4.1 立体光固化打印机

立体光固化(Stereo Lithography Apparatus，SLA)成形工艺(见图1-10)是目前最为成熟和广泛应用的一种3D打印技术。它以液态光敏树脂为原材料，在计算机的控制下用氦-镉激光器或氩离子激光器发射出的紫外激光束，按预定零件各切片层截面的轮廓轨迹对液态光敏树脂逐点扫描，使被扫描部位的光敏树脂薄层产生光聚合(固化)反应，从而形成零件的一个薄层截面。当一层树脂固化完毕后，工作台将下移一个层厚的距离，使在原先固化好的树脂表面上再覆盖一层新的液态树脂，刮板将黏度较大的树脂液面刮平，然后再进行下一层的激光扫描固化，新固化的一层将牢固地黏合在前一层上，如此重复，直至整个工件层叠完毕，得到一个完整的制件模型。因液态树脂具有高黏性，所以其流动性较差，在每层固化之后液面很难在短时间内迅速抚平，会影响实体的成形精度，因而需要采用刮板刮平。采用刮板刮平后所需要的液态树脂将会均匀地涂覆在上一叠层上，经过激光固化后将得到较好精度的制件，也能使成形制件的表面更加光滑平整。当制件完全成形后，把制件取出并把多余的树脂清理干净，再把支撑结构清除，最后把制件放到紫外灯下照射进行二次固化。

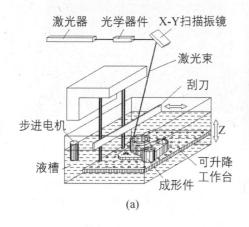

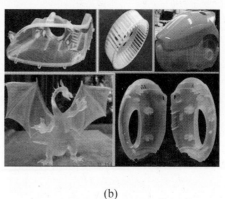

(a)   (b)

图1-10 SLA的3D打印原理及3D打印制件图

SLA成形技术的优点是：整个打印机系统运行相对稳定，成形精度较高，制件结构轮廓清晰且表面光滑，一般尺寸精度可控制在0.01 mm内，适合制作结构形状异常复杂的制件，能够直接制作面向熔模精密铸造的中间模。但SLA成形尺寸有较大的限制，适合比较复杂的中小型零件的制作，不适合制作体积庞大的制件，成形过程中伴随的物理变化和化学变化可能会导致制件变形，因此成形制件需要设计支撑结构。

目前，SLA 工艺所支持的材料相当有限(必须是光敏树脂)且价格昂贵。液态光敏树脂具有一定的毒性和气味，材料需要避光保存以防止提前发生聚合反应从而引起成形后的制件变形。SLA 成形的成品硬度很低且相对脆弱。此外，使用 SLA 成形的模型还需要进行二次固化，后期处理相对复杂。

1.4.2 选择性激光烧结打印机

选择性激光烧结(Selective Laser Sintering, SLS)成形工艺最早是由美国德克萨斯大学奥斯汀分校的 C. R. Dechard 于 1989 年在其硕士论文中提出的，随后 C. R. Dechard 创立了 DTM 公司并于 1992 年发布了基于 SLS 技术的工业级商用 3D 打印机 Sinterstation。SLS 成形工艺使用的是粉末状材料，激光器在计算机的操控下对粉末进行扫描照射实现材料的烧结黏合，就这样材料层层堆积实现成形。图 1-11 所示为 SLS 的成形原理及其制件。

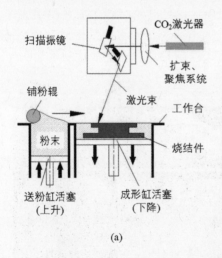

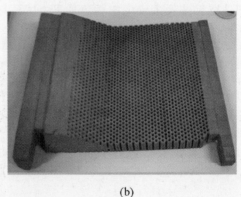

(a)　　　　　　　　　　　　　　　(b)

图 1-11　SLS 的成形原理及 3D 打印制件图

SLS 成形的过程为：首先转动铺粉辊或移动铺粉斗等机构将一层很薄的($100\sim200~\mu m$)塑料粉末(或金属、陶瓷、覆膜砂等)铺平到已成形制件的上表面，数控系统操控激光束按照该层截面轮廓在粉层上进行扫描照射而使粉末的温度升至熔点，从而进行烧结并与下面已成形的部分实现黏结，烧结形成一个层面，使粉末熔融固化成截面形状。当一层截面烧结完后，工作台下降一个层厚，这时再次转动铺粉辊或移动铺粉斗，均匀地在已烧结的粉层表面上再铺一层粉末，进行下一层烧结，如此反复操作直至工件完全成形。未烧结的粉末保留在原位置起支撑作用，这个过程重复进行直至完成整个制件的扫描、烧结，然后去掉打印制件表面上多余的粉末，并对表面进行打磨、烘干等后处理，便可获得具有一定性能的 SLS 制件。

在 SLS 成形的过程中，未经烧结的粉末对模型的空腔和悬臂起着支撑的作用，因此 SLS 成形的制件不像 SLA 成形的制件那样需要专门设计支撑结构。与 SLA 成形工艺相比，SLS 成形工艺的优点是：

(1) 原型件机械性能好，强度高。

(2) 无须设计和构建支撑。

(3) 可供选用的材料种类多，主要有石蜡、聚碳酸酯、尼龙、纤细尼龙、合成尼龙、陶瓷，甚至还可以是金属，且成形材料的利用率高(几乎为 100%)。

SLS 成形工艺的缺点是：

(1) 制件表面较粗糙，疏松多孔。

(2) 需要进行后处理。

采用各种不同成分的金属粉末进行烧结，经渗铜等后处理工艺，特别适合制作功能测试零件，也可直接制造具有金属型腔的模具。采用热塑性塑料粉可直接烧结出"SLS 蜡模"，用于单件小批量复杂中小型零件的熔模精密铸造生产，还可以烧结 SLS 覆膜砂型及砂芯直接浇注金属铸件。

1.4.3 选择性激光熔化打印机

选择性激光熔化(Selective Laser Melting, SLM)是由德国 Fraunhofer 激光技术研究所在 20 世纪 90 年代首次提出的一种能够直接制造金属零件的 3D 打印技术。它采用了功率较大(100～500 W)的光纤激光器或 Ne‐YAG 激光器，具有较高的激光能量密度和更细小的光斑直径，成形件的力学性能、尺寸精度等均较好，只需简单后处理即可投入使用，并且成形所用的原材料无需特别配制。

SLM 的成形原理及 3D 打印制件如图 1－12 所示。SLM 的成形原理是：采用铺粉装置将一层金属粉末材料铺平在已成形零件的上表面，控制系统控制高能量激光束按照该层的截面轮廓在金属粉层上扫描，使金属粉末完全熔化并与下面已成形的部分实现熔合。当一层截面熔化完成后，工作台下降一个薄层的厚度(0.02～0.03 mm)，然后铺粉装置又在上面铺上一层均匀密实的金属粉末，进行新一层截面的熔化，如此反复，直到成形完成整个金属制件。为防止金属氧化，整个成形过程一般在惰性气体的保护下进行，对易氧化的金属(如 Ti、Al 等)，还必须进行抽真空操作，以去除成形腔内的空气。

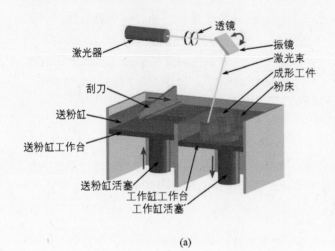

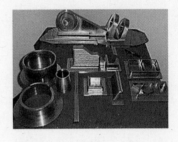

(a)   (b)

图1-12 SLM的成形原理及3D打印制件图

SLM具有以下优点：

(1) 直接制造金属功能件，无需中间工序。

(2) 光束质量良好，可获得细微聚焦光斑，从而可以直接制造出较高尺寸精度和较好表面粗糙度的功能件。

(3) 金属粉末完全熔化，所直接制造的金属功能件具有冶金结合组织，致密度较高，具有较好的力学性能。

(4) 粉末材料可为单一材料，也可为多组元材料，原材料无需特别配制。

同时，SLM具有以下缺点：

(1) 由于激光器功率和扫描振镜偏转角度的限制，SLM能够成形的零件尺寸范围有限。

(2) SLM设备费用贵，机器制造成本高。

(3) 成形件表面质量差，产品需要进行二次加工。

(4) SLM成形过程中，容易出现球化和翘曲。

1.4.4 熔丝制造成形打印机

图1-13所示的3D打印机是实现材料挤压式工艺的一类增材制造装备。以前称为"熔融沉积"3D打印机(Fused Deposition Modeling, FDM)，现在这种打印机被美国3D打印技术委员会(F42 委员会)公布的定义称为熔丝制造(Fused Filament Fabrication, FFF) 式3D打印机。

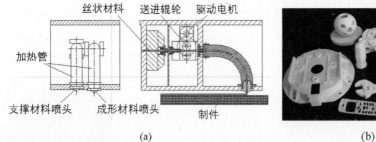

丝状材料　送进辊轮　驱动电机

加热管

支撑材料喷头　成形材料喷头　制件

(a)　　　　　　　　　　(b)

图1-13　FFF(FDM)的成形原理及3D打印制件图

FFF(FDM)具有以下优点：

(1) 不需要价格昂贵的激光器和振镜系统，故设备价格较低。

(2) 成形件韧性也较好。

(3) 材料成本低，且材料利用率高。

(4) 工艺操作简单、易学。

这种成形工艺是将热熔性丝材(通常为ABS或PLA材料)缠绕在供料辊上，由步进电机驱动辊子旋转，丝材在主动辊与从动辊的摩擦力作用下向挤出机喷头送出，由供丝机构送至喷头，在供料辊和喷头之间有一导向套，导向套采用低摩擦系数材料制成以便丝材能够顺利准确地由供料辊送到喷头的内腔。喷头的上方有电阻丝式的加热器，在加热器的作用下丝材被加热到临界半流动的熔融状态，然后通过挤出机把材料从加热的喷嘴挤出到工作台上，材料冷却后便形成了工件的截面轮廓。

采用FFF(FDM)工艺制作具有悬空结构的工件原型时需要有支撑结构的支持，为了节省材料成本和提高成形的效率，新型的FFF(FDM)设备采用了双喷头的设计，一个喷头负责挤出成形材料，另外一个喷头负责挤出支撑材料，而喷头则按截面轮廓信息移动，按照零件每一层的预定轨迹，以固定的速率进行熔体沉积(如图1-13(a)所示)，喷头在移动过程中所喷出的半流动材料沉积固化为一个薄层。每完成一层，工作台下降一个切片层厚，再沉积固化出另一新的薄层，进行叠加沉积新的一层，如此反复，一层层成形且相互黏结，便堆积叠加出三维实体，最终实现零件的沉积成形。FFF(FDM)成形工艺的关键是保持半流动成形材料的温度刚好在熔点之上(比熔点高1℃左右)。其每一层片的厚度由挤出丝的直径决定，通常是0.25～0.50 mm。

一般来说，用于成形件的丝材相对更精细，而且价格较高，沉积效率也较低；用于制作支撑材料的丝材会相对较粗，而且成本较低，但沉积效率较高。支撑材料一般会选用水溶性材料或比成形材料熔点低的材料，这样在后期处理时通过物理或化学的方式就能很方便地把支撑结构去除干净。

FFF(FDM)的优点如下：

(1)操作环境干净、安全，可在办公室环境下进行(没有毒气或化学物质的危险，不使用激光)。

(2)工艺干净、简单，易于操作且不产生垃圾。

(3)表面质量较好，可快速构建瓶状或中空零件。

(4)原材料以卷轴丝的形式提供，易于搬运和快速更换(运行费用低)。

(5)原材料费用低，材料利用率高。

(6)可选用多种材料，如可染色的 ABS 和医用 ABS、PC、PPSF、蜡丝、聚烯烃树脂丝、尼龙丝、聚酰胺丝和人造橡胶等。

FFF(FDM)的缺点如下：

(1)精度较低，难以构建结构复杂的零件，成形制件精度低，不如 SLA 工艺，最高精度不高。

(2)与截面垂直的方向强度低。

(3)成形速度相对较慢，不适合构建大型制件，特别是厚实制件。

(4)喷嘴温度控制不当容易堵塞，不适宜更换不同熔融温度的材料。

(5)悬臂件需加支撑，不宜制造形状复杂构件。

FFF(FDM)适合制作薄壁壳体原型件(中等复杂程度的中小原型)，该工艺适合于产品的概念建模及形状和功能测试。例如，用性能更好的 PC 和 PPSF 代替 ABS，可制作塑料功能产品。

1.4.5　分层实体打印机

分层实体制造(Laminated Object Manufacturing, LOM)成形(见图 1 - 14)是将底面涂有热熔胶的纸卷或塑料胶带卷等箔材通过热压辊加热黏结在一起，位于上方的激光切割器按照 CAD 分层模型所获数据，用激光束或刀具对纸或箔材进行切割，首先切割出工艺边框和所制零件的内外轮廓，然后将不属于原型本体的材料切割成网格状，接着将新的一层纸或胶带等箔材再叠加在上面，通过热压装置和下面已切割层黏合在一起，激光束或刀具再次切割制件轮廓，如此反复逐层切割、黏合、切割……直至整个模型制作完成。通过升降平台的移动和纸或箔材的送进可以切割出新的层片并将其与先前的层片黏结在一起，这样层层叠加后得到一个块状物，最后将不属于原型轮廓形状的材料小块剥除，就获得了所需的三维实体。上面所说的箔材可以是涂覆纸(单边涂有黏结剂覆层的纸)、涂覆陶瓷箔、金属箔或其他材质基的箔材。

LOM 成形的优点是：

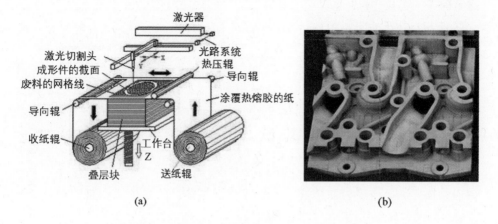

(a)　　　　　　　　　　　　(b)

图 1-14　LOM 的成形原理及 3D 打印制件图

（1）无需设计和构建支撑。

（2）只需切割轮廓，无需填充扫描整个断面。

（3）制件有较高的硬度和较好的力学性能（与硬木和夹布胶木相似）。

（4）LOM 制件可像木模一样进行胶合，可进行切削加工和用砂纸打磨、抛光，提高表面光滑程度。

（5）原材料价格便宜，制造成本低。

LOM 成形的缺点是：

（1）材料利用率低，且种类有限。

（2）分层结合面连接处台阶明显，表面质量差。

（3）原型易吸湿膨胀，层间的黏合面易裂开，因此成形后应尽快对制件进行表面防潮处理并刷防护涂料。

（4）制件内部废料不易去除，处理难度大。

综上分析，LOM 成形工艺适合于制作大中型、形状简单的实体类原型件，特别适用于直接制作砂型用的铸模（替代木模）。图 1-14(a)所示为以单面涂有热熔胶的纸为原料、并用 LOM 成形的火车机车发动机缸盖模型。

目前该成形技术的应用已被其他成形技术（如 SLS、3DP 等成形技术）所取代，故 LOM 的应用范围已渐渐缩小。

1.4.6　黏结剂喷射打印机

黏结剂喷射打印机（Three Dimensional Printing，3DP）利用喷墨打印头逐点喷射黏结剂来黏结粉末材料的方法制造原型件。3DP 的成形过程与 SLS 相似，只是将 SLS 中的激光束变成喷墨打印头喷射的黏结剂（"墨水"），其工作原理类似于喷墨打印机,是形式上最为贴合"3D打印"概念的成形技术之一。3DP工艺与SLS工艺也有类似的地方,采用的都是粉末状的材料,如陶瓷、金属、塑料,但与其不同的是3DP使用的粉末并不是通过激光烧结黏合在一起的,而是通过喷头喷射黏结剂将工件的截面"打印"出来并一层层堆积成形的。图1-15所示为3DP的成形原理及3D打印制件。工作时3DP设备会把工作台上的粉末铺平,接着喷头会按照指定的路径将液态黏结剂(如硅溶胶)喷射在预先粉层上的指定区域中,上一层黏结完毕后,成形缸下降一个距离(等于层厚0.013~0.1 mm),供(送)粉缸上升一个层厚的高度,推出若干粉末,并被铺粉辊推到成形缸,铺平并被压实。喷头在计算机的控制下,按下一层建造截面的成形数据有选择地喷射黏结剂。铺粉辊铺粉时多余的粉末被收集到集粉装置中。如此周而复始地送粉、铺粉和喷射黏结剂,最终完成一个三维粉体的黏结(即制造出成形制件)。粉床上未被喷射黏结剂的地方仍为干粉,在成形过程中起支撑作用,且成形结束后比较容易去除。

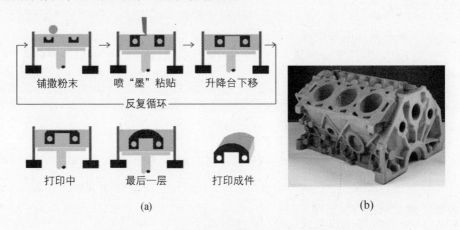

图1-15　3DP的成形原理及3D打印制件图

3DP的优点是:

(1) 成形速度快,成形材料价格低。

(2) 在黏结剂中添加颜料,可以制作彩色原型,这是该工艺最具竞争力的特点之一。

(3) 成形过程不需要支撑,多余粉末的去除比较方便,特别适合于做内腔复杂的原型。

(4) 适用于3DP成形的材料种类较多,并且还可制作复合材料或非均匀材质材料的零件。

3DP的缺点是强度较低,只能做概念型模型,而不能做功能性试验件。

与 SLS 技术相同，3DP 技术可使用的成形材料和能成形的制件较广泛，在制造多孔的陶瓷部件(如金属陶瓷复合材料多孔坯体或陶瓷模具等)方面具有较大的优越性，但制造致密的陶瓷部件具有较大的难度。

1.5 3D 打印技术的应用与发展

新产品开发中，总要经过对初始设计的多次修改，才能真正推向市场，而修改模具的制作是一件费钱费时的事情，拖延时间就可能失去市场。虽然利用电脑虚拟技术可以非常逼真地在屏幕上显示所设计的产品外观，但视觉上再逼真，也无法与实物相比。由于市场竞争激烈，因此产品开发周期直接影响着企业的生死存亡，故客观上需要一种可直接将设计数据快速转化为三维实体的技术。3D 打印技术直接将电脑数据转化为实体，实现了"心想事成"的梦想。其主要的应用领域如图 1-16 所示。

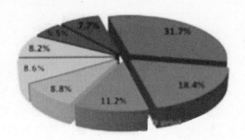

- 紫色(机动车辆、汽车31.7%)
- 蓝色(消费品18.4%)
- 绿色(经营产品11.2%)
- 黄绿色(医药8.8%)
- 黄色(医疗8.6%)
- 泥巴黄(航空8.2%)
- 红色(政府军队5.5%)
- 酱红色(其他7.7%)

图 1-16 3D 打印的主要应用领域

从制造目标来说，3D 打印主要用于快速概念设计及功能测试原型制造、快速模具原型制造、快速功能零件制造。但大多数 3D 打印作为原型件进行新产品开发和功能测试等。快速直接制模及快速功能零件制造是 3D 打印面临的一个重大技术难题，也是 3D 打印技术发展的一个重要方向。根据不同的制造目标 3D 打印技术将相对独立发展，更加趋于专业化。

1.5.1 3D 打印技术的应用

1. 设计方案评审

借助于 3D 打印的实体模型，不同专业领域(设计、制造、市场、客户)的人员可以对产品实现方案、外观、人机功效等进行实物评价。

2. 制造工艺与装配检验

借助 3D 打印的实体模型结合设计文件，可有效指导零件和模具的工艺设计，或进行产品装配检验，避免结构和工艺设计错误。

3. 功能样件制造与性能测试

3D打印制造的实体功能件具有一定的结构性能，同时利用3D打印技术可直接制造金属零件，或制造出熔（蜡）模，再通过熔模铸造金属零件，甚至可以打印制造出特殊要求的功能零件和样件等。

4. 快速模具小批量制造

以3D打印制造的原型作为手模板，制作硅胶、树脂、低熔点合金等快速模具，可便捷地实现几十件到数百件数量零件的小批量制造。

5. 建筑总体与装修展示评价

利用3D打印技术可实现模型真彩及纹理打印的特点，可快速制造出建筑的设计模型，进行建筑总体布局、结构方案的展示和评价。3D打印建筑模型快速、成本低、环保，同时制作精美，完全合乎设计者的要求，同时又能节省大量材料。

6. 科学计算数据实体可视化

计算机辅助工程、地理地形信息等科学计算数据可通过3D彩色打印，实现几何结构与分析数据的实体可视化。

7. 医学与医疗工程

通过医学CT数据的三维重建技术，利用3D打印技术制造器官、骨骼等实体模型，可指导手术方案设计，也可打印制作组织工程原型件和定向药物输送骨架等。

8. 首饰及日用品快速开发与个性化定制

不管是个性笔筒，还是有浮雕的手机外壳，抑或是世界上独一无二的戒指，都有可能通过3D打印机打印出来。

9. 动漫艺术造型评价

借助于动漫艺术造型评价可实现动漫模型的快速制造，指导和评价动漫造型设计。

10. 电子器件的设计与制作

利用3D打印可在玻璃、柔性透明树脂等基板上，设计制作电子器件和光学器件，如RFID、太阳能光伏器件、OLED等。

11. 文物保护

用3D打印机可以打印复杂文物的替代品，以保护博物馆里原始作品不受环境或意外事件的伤害，同时复制品也能将艺术或文物的影响传递给更多更远的人。

12. 食品3D打印机

目前已可以用3D打印机打印个性化巧克力食品。

1.5.2　3D打印技术与行业结合的优势

1. 3D打印与医学领域

（1）为再生医学、组织工程、干细胞和癌症等生命科学与基础医学研究领域提供新的研究工具。

采用3D打印来创建肿瘤组织的模型，可以帮助人们更好地理解肿瘤细胞的生长和死亡规律，这为研究癌症提供了新的工具。苏格兰研究人员利用一种全新的3D打印技术，首次用人类胚胎干细胞进行了3D打印，由胚胎干细胞制造出的三维结构可以让我们创造出更准确的人体组织模型，这对于试管药物研发和毒性检测都有着重要意义。从更长远的角度看，这种新的打印技术可以为人类胚胎干细胞制作人造器官铺平道路。

（2）为构建和修复组织器官提供新的临床医学技术，推动外科修复整形、再生医学和移植医学的发展。

3D打印的器官不但解决了供体不足的问题，而且避免了异体器官的排异问题，未来人们想要更换病变的器官将成为一种常规治疗方法。

（3）开发全新的高成功率药物筛选技术和药物控释技术。

利用生物打印出药物筛选和控释支架，可为新药研发提供新的工具。美国麻省理工学院利用3DP工艺和聚甲基丙烯酸甲（PMMA）材料制备了药物控释支架结构，对其生物相容性、降解性和药物控释性能进行了测试。英国科学家使用热塑性生物可吸收材料采用激光烧结3D打印技术制造出的气管支架已成功植入婴儿体内。

（4）制造"细胞芯片"，在设计好的芯片上打印细胞，为功能性生物研发做铺垫。

目前，组织工程面临的挑战之一就是如何将细胞组装成具有血管化的组织或器官，而使用生物3D打印技术制造"细胞芯片"，并使细胞在芯片上生长，为"人工眼睛"、"人工耳朵"和"大脑移植芯片"等功能性生物研发做铺垫，帮助患有退化性眼疾的病人。

（5）定制化、个性化假肢和假体的3D打印为广大患者带来福音。

根据每个人个体的不同，针对性地打造植入物，以追求患者最高的治疗效果。假肢接受腔、假肢结构和假肢外形的设计与制造精度直接影响着患者的舒适度和功能。2013年美国的一名患者成功接受了一项具有开创性的手术，用3D打印头骨替代75％的自身头骨。这项手术中使用的打印材料是聚醚酮，为患者定制的植入物两周内便可完成。目前国内3D打印骨骼技术也已取得初步成就，在脊柱及关节外科领域研发出了几十个3D打印脊柱外科植入物，其中颈椎椎间融合器、颈椎人工椎体、人工髋关节、人工骨盆(见图1-17)等多个产品已经进入临床观察阶段。实验结果非常乐观，骨长入情况非常好，在很短的时间内，就可以看到骨细胞已经长进到打印骨骼的孔隙里面，2013年被正式批准进入临床观察阶段。

图1-17　根据患者CT数据制作的人工骨盆3D打印原型件

(6) 3D打印技术开发的手术器械提供了更直观的新型医疗模式。

3D打印技术能够把虚拟的设计更直接、更快速地转化为现实。在一些复杂的手术(如移植手术)中，医生需要对手术过程进行模拟。以前，这种模拟主要基于图像——用CT或者PET检查获取病人的图像，利用3D打印技术，就可以直接做出和病人数据一模一样的结构，这对手术的影响将是巨大的。

2. 3D打印与制造领域

3D打印技术在制造业的应用为工厂进行小批量生产提供了可能性，也为人们订购满足于自身需求的产品提供了可能性。另外，3D打印技术在制造业上的广泛应用也大大降低了工厂的生产周期和成本，提高了生产效率，在减少手工工人数量的同时又保证了生产的精确度和高效率。随着3D打印材料性能的提高、打印工艺的日渐完善，3D打印在制造业领域的应用将会越来越广泛、普遍。3D打印与制造业结合有以下优势：

1) 使用3D打印技术可加快设计过程

在设计阶段，产品停留的时间越长，进入市场的时间也越晚，这意味着公司丢失了潜在利润。随着将新产品迅速推向市场，会带来越来越多的压力，在概念设计阶段，公司就需要做出快速而准确的决定。材料选择、制造工艺和设计水平成为决定总体成本的大部分因素。通过加快产品的试制，3D打印技术可以优化设计流程，以获得最大的潜在收益。3D打印可以加快企业决定一个概念是否值得开发的过程。

2）用3D打印生成原型可节省时间

在有限的时间里，3D打印能够有更快的反复过程，工程师可以更快地看到设计变化所产生的结果。企业内部3D打印可以消除由于外包服务而造成的各种延误（如运输延迟）。

3）用3D打印可进行更有效的设计，增加新产品成功的机会

3D打印技术在产品开发中的关键作用和重要意义是很明显的，它不受复杂形状的任何限制，可迅速地将显示于计算机屏幕上的设计变为可进一步评估的实物。根据原形可对设计的正确性、造型合理性、可装配和干涉进行具体的检验。对形状较复杂而贵重的零件（如模具），如直接依据CAD模型不经原型阶段就进行加工制造，这种简化的做法风险极大，往往需要多次反复才能成功，不仅延误开发进度，而且往往需花费更多的资金。通过原型的检验可将此种风险减到最低限度。3D打印可以增加新产品成功的机会，因为有更全面的设计评估和迭代过程。迭代优化的方法要有更快的周期，这是不延长设计过程的唯一方法。

一般来说，采用3D打印技术进行快速产品开发可减少产品开发成本的30%～70%，减少开发时间。图1-18(a)所示为广西玉林柴油机集团开发研制的KJ100四气门六缸柴油发动机缸盖铸件，其特点是：① 外形尺寸大，长度接近于1米(964.7 mm×247.2 mm×133 mm)；② 砂芯品种多且形状复杂，全套缸盖砂芯包括底盘砂芯、上水道芯、下水道芯、进气道芯、排气道芯、盖板芯，共计6种砂芯(见图1-18(b)～(f))；③ 铸件壁薄(最薄处仅5 mm)，属于难度很大的复杂铸件。该铸件用传统开模具方法制造需半年时间，模具费约200多万元，并且不能保证手板模具不需要修改的情况；而采用3D打印技术仅1周多时间就可打印出全套砂芯，装配后成功浇注，铸造出合格的RuT-340缸盖铸件。这样该发动机可提前半年投入市场，获得丰厚的经济效益。

4）采用3D打印技术可降低产品设计成本

对3D打印系统进行评估时，要考虑设施的要求、运行系统需要的专门知识、精确性、耐用性、模型的尺寸、可用的材料、速度，当然还有成本。3D打印提供了在大量设计迭代中极具成本效益的方式，并在整个开发过程中的关键开始阶段便能获得及时反馈。快速改进形状、配合和功能的能力大大减少了生产成本和上市时间。这为那些把3D打印作为设计过程一部分的公司建立了一个独有的竞争优势。低成本将继续扩大3D打印的市场，特别是在中小型企业和

(a) KJ100四气门六缸柴油发动机缸盖铸件

(b) 进、排气道砂芯

(c) 底盘砂芯

(d) 下水道砂芯

(e) 底盘砂芯

(f) 下水道砂芯

图 1-18 KJ100 四气门六缸柴油发动机缸盖铸件及用 SLS 3D 打印的
六缸缸盖全套砂芯实例

学校，这些打印机的速度、一致性、精确性和低成本将帮助企业缩短产品进入市场的时间，保持竞争优势。

3. 3D 打印与快速制模领域

用 3D 打印技术直接制作金属模具是当前技术制模领域研发的热点，下面介绍其中的工艺。

1) 金属粉末烧结成形

金属粉末烧结成形就是用 SLS 法将金属粉末直接烧结成模具，比较成熟的工艺仍是 DTM 公司的 Rapid Tool 和 EOS 公司的 Direct Tool。德国 EOS 公司在 Direct Tool 工艺的基础上推出了所谓的直接金属激光烧结(Direct Metal Laser Sintering, DMLS)系统，所使用的材料为新型钢基粉末，这种粉末的颗粒很细，烧结的叠层厚度可小至 $20~\mu m$，因而烧结出的制件精度和表面质量都较好，制件密度为钢的 $95\% \sim 99\%$，现已实际用于制造注塑模和压铸模等模具，经过短时间的微粒喷丸处理便可使用。如果模具精度要求很高，可在烧结成形后再进行高速精铣。

2) 金属薄(箔)材叠层成形

金属薄(箔)材叠层成形是 LOM 法的进一步发展，其材料不是纸，而是金属(钢、铝等)薄材。它是用激光切割或高速铣削的方法制造出层面的轮廓,再经由焊接或黏结叠加为三维金属制件。比如,日本先用激光将两块表面涂敷低熔点合金的厚度为 0.2 mm 的薄钢板切割成层面的轮廓,再逐层互焊成为钢模具。金属薄材毕竟厚度不会太小,因此台阶效应较明显,如材料为薄膜便可使成形精度得到改进。一种称为 CAM-LEM 的快速成形工艺就是用黏结剂黏结金属或陶瓷薄膜,再用激光切割出制件的轮廓或分割块,制出的半成品还需放在炉中烧结,使其达到理论密度的 99%,同时会引起 18% 的收缩。

3)基于 3D 技术的间接快速制模法

基于 3D 技术的间接快速模具制造可以根据所要求模具寿命的不同,结合不同的传统制造方法来实现。

(1)对于寿命要求不超过 500 件的模具,可使用以 3D 打印原型件作母模、再浇注液态环氧树脂与其他材料(如金属粉)的复合物而快速制成的环氧树脂模。

(2)若仅仅生产 20~50 件注塑模,则可使用由硅橡胶铸模法(以 3D 打印原型件为母模)制作的硅橡胶模具。

(3)对于寿命要求在几百件至几千件(上限为 3000~5000 件)的模具,常使用由金属喷涂法或电铸法制成的金属模壳(型腔)。金属喷涂法是在 3D 打印原型件上喷涂低熔点金属或合金(如用电弧喷涂 Zn-Al 伪合金),待沉积到一定厚度形成金属薄壳后,再背衬其他材料,然后去掉原型便得到所需的型腔模具。电铸法与此法类似,不过它不是用喷涂而是用电化学方法通过电解液将金属(镍、铜)沉积到 3D 打印原型件上形成金属壳,所制成的模具寿命比金属喷涂法更长,但其成形速度慢,且对于非金属原型件的表面尚需经过导电预处理(如涂导电胶使其带电)才能进行电铸。

(4)对于寿命要求为成千上万件(3000 件以上)的硬质模具,主要是钢模具,常用 3D 打印技术快速制作石墨电极或铜电极,再通过电火花加工法制造出钢模具。比如,以 3D 打印原型件作母模,翻制由环氧树脂与碳化硅混合物构成整体研磨模(研磨轮),再在专用的研磨机上研磨出整体石墨电极。

(a)

(b)

(c)
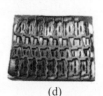
(d)

图 1-19 轮胎合金铸铁模的快速制模过程

图1-19所示为子午线轮胎3D打印快速制模的过程实例(见图1-19)。图中，图(a)是用3D打印轮胎原型，图(b)为轮胎原型翻制的硅橡胶凹模，图(c)是用硅橡胶凹模翻制的陶瓷型，图(d)是将铁水浇注到陶瓷型里面，冷凝后而获得的轮胎的合金铸铁模。

图1-20所示为开关盒3D打印快速制模的过程实例(见图1-20)。首先用LOM 3D打印制造开关盒原型凸模(见图1-20(a))，经打磨、抛光等表面处理并在表面喷镀导电胶，然后将喷镀导电胶的凸模原型进行电铸铜，形成金属薄壳，再用板料将薄壳四周围成框，之后向其中注入环氧树脂等背衬材料，便可得到铜质面、硬背衬的开关盒凹模(见图1-20(b))。

(a) LOM3D打印原型件　　　　　　(b) 电铸铜后的模具

图1-20　LOM 3D打印开关盒模具实例

4. 3D打印与教育领域

当今世界已经进入信息时代，人们的思维方式、生活方式、工作方式及教育方式等都随之改变。教育是富国之本、强国之本，而高等教育是培养现代化科技人才的主要渠道。教育的信息化给人们的学习带来了前所未有的转变，新的教育理念和新的教育环境正逐步塑造着教学和学习的新形态。3D打印技术所具有的特性为教学提供了新的路径，其在高等教育中的应用主要有以下几个方面。

1) 方便打造教学模具

随着3D打印的成本越来越低，在教育领域可以运用3D打印打造教学模具来进行教学，逆袭传统的制造业。3D打印可以应用教学模拟进行演示教学和探索教学，也可以让学生参与到互动式游戏教学中。例如，在仿真教学和试验中，3D打印出来的物品可以模拟课堂实验中难以实现或者要耗费很大成本才能实现的各项试验，如造价昂贵的大型机械实验等。3D打印最大的特点就是只要拥有三维数据和设计图，便可以打造出想要的模型，生产周期短，不用大规模的批量生产，可以节约成本。利用3D打印可以丰富教学内容，将一些实验搬到课堂中进行，通过观摩3D打印的实验物品，学生可以反复练习操作，不必购置昂贵的实验设备。和虚拟实验三维设计相比，它的优势在于可以进行实际的操作和观察，更为直观。3D打印更擅长制造复杂的结构，给学生以直观的教学,使学生身临其境,更好地完成对知识的认知。

2)改善老师的教学方法

3D打印综合运用虚拟现实、多媒体、网络等技术,可以在课堂和实验中展示传统的教学模式中无法实现的教学过程。运用3D打印可以使教师等教育工作者逐渐养成用数字时代的思维方式去培养学生的行为方式与习惯,使课堂教学更加丰富多彩,有利于加强互动式教学,提高课堂效率。3D打印的逼真效果更加贴近现实的情景,将会给现阶段教育技术的发展水平带来一次重大飞跃。3D打印可以改善教师的教学方法,把一些抽象的东西打印出来进行讨论,激发学生无限的想象。教师把3D打印物品结合到讲课内容中,通过对模型的讲解,了解到学生对哪些问题不懂,从台前走到学生中间,帮学生解决学习中的困难,学生成为生活中的主体、教学活动的中心以及教师关注的重点。

3)3D打印激发学生的兴趣

通过3D打印模型的刺激,以及学生的内心加工,学生会迸发出自己的想法,提高创造力。让学生观察模拟物品,还可以激发学生的好奇心,提高学生的设计能力、动手能力,激发学生的兴趣,使得课堂主动、具体、富于感染力。3D打印技术在教育领域的应用增加了学生获得知识的学习方法,学生可以把自己的设计思想打印出来,并验证这个模型是否符合自己的设想。

1.5.3 3D打印技术在国内的发展现状

与发达国家相比,我国3D打印技术发展虽然在技术标准、技术水平、产业规模与产业链方面还存在大量有待改进的地方,但经过多年的发展,已形成以高校为主体的技术研发力量布局,若干关键技术取得了重要突破,产业发展开始起步,形成了小规模产业市场,并在多个领域成功应用,为下一步发展奠定了良好的基础。

1. 初步建立了以高校为主体的技术研发力量体系

自20世纪90年代初开始,清华大学、华中科技大学、西安交通大学、北京航空航天大学、西北工业大学等高校相继开展了3D打印技术研究,成为我国开展3D打印技术的主要力量,推动了我国3D打印技术的整体发展。北京航空航天大学"大型整体金属构件激光直接制造"教育部工程研究中心的王华明团队、西北工业大学凝固技术国家重点实验室的黄卫东团队,主要开展金属材料激光净成形直接制造技术研究。清华大学生物制造与快速成形技术北京市重点实验室颜永年团队主要开展熔融沉积制造技术、电子束融化技术、3D生物打印技术研究。华中科技大学材料成形与模具技术国家重点实验室史玉升团队主要从事塑性成形制造技术与装备、快速成形制造技术与装备、快速三维测量技术与装备等静压近净成形技术研究。西安交通大学制造系统工程国家重点实验室以及快速制造技术及装备国家工程研究中心的卢秉恒院士团队主要从事高分子材料光固化 3D 打印技术及装备研究。

2. 整体实力不断提升，金属 3D 打印技术世界领先

我国增材制造技术从零起步，在广大科技人员的共同努力下，技术整体实力不断提升，在 3D 打印的主要技术领域都开展了研究，取得了一大批重要的研究成果。目前高性能金属零件激光直接成形技术世界领先，并攻克了金属材料 3D 打印的变形、翘曲、开裂等关键问题，成为首个利用选择性激光熔化(SLM)技术制造大型金属零部件的国家。北京航空航天大学已掌握使用激光快速成形技术制造超过 12 m² 的复杂钛合金构件的方法。西北工业大学的激光立体成形技术可一次打印超过 5 m 的钛金属飞机部件，构件的综合性能达到或超过锻件。北京航空航天大学和西北工业大学的高性能金属零件激光直接成形技术已成功应用于制造我国自主研发的大型客机 C919 的主风挡窗框、中央翼根肋，成功降低了飞机的结构重量，缩短了设计时间，使我国成为目前世界上唯一掌握激光成形钛合金大型主承力构件制造且付诸实用的国家。

3. 产业化进程加快，初步形成小规模产业市场

利用高校、科研院所的研究成果，依托相关技术研究机构，我国已涌现出20 多家 3D 打印制造设备与服务的企业，如北京隆源、武汉滨湖机电、北方恒力、湖南华曙、北京太尔时代、西安铂力特等。这些公司的产品已在国家多项重点型号研制和生产过程中得到了应用，如应用于 C919 大型商用客机中央翼身缘条钛合金构件的制造，这项应用是目前国内金属 3D 打印技术的领先者；武汉滨湖机电技术产业有限公司主要生产 LOM、SLA、SLS、SLM 系列产品并进行技术服务和咨询，1994 年就成功开发出我国第一台快速成形装备——薄材叠层快速成形系统，该公司开发生产的大型激光快速制造装备具有国际领先水平；2013 年华中科技大学开发出全球首台工作台面为 1.4 m×1.4 m 的四振镜激光器选择性激光粉末烧结装备，标志着其粉末烧结技术达到了国际领先水平。

4. 应用取得突破，在多个领域显示了良好的发展前景

随着关键技术的不断突破，以及产业的稳步发展，我国 3D 打印技术的应用也取得了较大进展，已成功应用于设计、制造、维修等产品的全寿命周期。

(1) 在设计阶段，已成功将 3D 打印技术广泛应用于概念设计、原型制作、产品评审、功能验证等，显著缩短了设计时间，节约了研制经费。在研制新型战斗机的过程中，采用金属 3D 打印技术快速制造钛合金主体结构，在一年之内连续组装了多架飞机进行飞行试验，显著缩短了研制时间。某新型运输机在做首飞前的静力试验时，发现起落架连接部位一个很复杂的结构件存在问题，需要更换材料、重新加工。采用3D打印技术，在很短的时间内就生产出了需要的部件，保证了试验如期进行。

（2）在制造领域，已将3D打印技术应用于飞机紧密部件和大型复杂结构件制造。我国国产大型客机C919的中央翼根肋、主风挡窗框都采用3D打印技术制造，显著降低了成本，节约了时间。C919主风挡窗框若采用传统工艺制造，国内制造能力尚无法满足，必须向国外订购，时间至少需要2年，模具费需要1300万元。采用激光快速成形3D打印技术制造，时间可缩短到2个月内，成本降低到120万元。

（3）在维修保障领域，3D打印技术已成功应用于飞机部件维修。当前，我国已将3D打印技术应用于制造过程中报废和使用过程中受损的航空发动机叶片的修复，以及大型齿轮的修复。

1.5.4 3D打印技术在国内的发展趋势

1. 3D打印既是制造业，更是服务业

3D打印的产业链涉及很多环节，包括3D打印机设备制造商、3D模型软件供应商、3D打印机服务商和3D打印材料的供应商。因此围绕3D打印的产业链会使企业产生很多机会。在3D打印产业链里，除了出现大品牌的生产厂商外，也有可能出现基于3D打印提供服务的巨头。

2. 目前3D打印产业处于产业化的初期阶段

目前我国3D打印技术发展面临诸多挑战，总体处于新兴技术产业化的初级阶段，主要表现在：

（1）产业规模化程度不高。3D打印技术大多还停留在高校及科研机构的实验室内，企业规模普遍较小。

（2）技术创新体系不健全。创新资源相对分割，标准、试验检测、研发等公共服务平台缺乏。

（3）产业政策体系尚未完善。缺乏前瞻性、一致性、系统性的产业政策体系，包括发展规划和财税支持政策等。

（4）行业管理亟待加强。

（5）教育和培训制度急需加强。

3. 与传统的制造技术形成互补

相比于传统生产方式，3D打印技术的确是重大的变革，但目前和近中期还不具备推动第三次工业革命的实力，短期内还难以颠覆整个传统制造业模式。

理由有三:

(1) 3D打印只是新的精密技术与信息化技术的融合,相比于机械化大生产,不是替代关系,而是平行和互补关系。

(2) 3D打印原材料种类有限,决定了绝大多数产品打印不出来。

(3) 个性化打印成本极高,很难实现传统制造方式的大批量、低成本制造。

4. 3D打印技术是典型的颠覆性技术

从长期来看,这项技术最终将给工业生产和经济组织模式带来颠覆性的改变。3D打印技术其实就是颠覆性、破坏性的技术。当前,3D打印技术的应用被局限于高度专门化的需求市场或细分市场(如医疗或模具)。但颠覆性技术会不断发展,以低成本满足较高端市场的需要,然后以"农村包围城市"的方式逐步夺取天下。尽管3D打印主要适用于小批量生产,但是其打印的产品远远优于传统制造业生产的产品——更轻便、更坚固、定制化、多种零件直接整组成形。3D打印的另一个颠覆性特征是:单台机器能创建各种完全不同的产品。而传统制造方式需要改变流水线才能完成定制生产,其过程需要昂贵的设备投资和长时间的工厂停机。不难想象,未来的工厂用同一个车间的3D打印机既可制造茶杯,又能制造汽车零部件,还能量身定制医疗产品。

十余年来,3D打印技术已经步入初成熟期,已经从早期的原型制造发展出包含多种功能、多种材料、多种应用的许多工艺,在概念上正在从快速原型转变为快速制造,在功能上从完成原型制造向批量定制发展。基于这个基本趋势,3D打印设备已逐步向概念型、生产型和专用成形设备分化。

1) 概念模型

3D打印设备是指利用3D打印工艺制造用于产品设计、测试或者装配等的原型。所成形的零件主要在于形状、色彩等外观表达功能,对材料的性能要求较低。这种设备当前总的发展趋势是:成形速度快;产品具有连续变化的多彩色(多材料);普通微机控制,通过标准接口进行通信;体积小,是一种桌面设备;价格低;绿色制造方式,无污染、无噪声。

2) 生产型设备

生产型设备是指能生产最终零件的3D打印设备。与概念原型设备相比,这种设备一般对产品有较高的精度、性能和成形效率要求,设备和材料价格较昂贵。

3) 应用于生物医学制造领域的专用成形设备

应用于生物医学制造领域的专用成形设备是今后发展的趋势。3D打印设备能够生产任意复杂形状、高度个性化的产品,能够同时处理多种材料,制造具有材料梯度和结构梯度的产品。这些特点正好满足生物医学领域,特别是组织工程领域一些产品的成形要求。

1.5.5 3D打印技术发展的未来

1. 材料成形和材料制备

3D打印技术基于离散/堆积原理，采用多种直写技术控制单元材料状态，将传统上相互独立的材料制备和材料成形过程合而为一，建立了从零件成形信息及材料功能信息数字化到物理实现数字化之间的直接映射，实现了从材料和零件的设计思想到物理实现的一体化。

2. 直写技术

直写技术用来创造一种由活动的细胞、蛋白、DNA片段、抗体等组成的三维工程机构，将在生物芯片、生物电气装置、探针探测、更高柔性的RP工艺、柔性电子装置、生物材料加工和操纵自然生命系统、培养变态和癌细胞等方面中具有不可估量的作用。其最大的作用在于用制造的概念和方法完成活体成形，突破了千百年禁锢人们思想的枷锁——制造与生长之界限。

(1) 开发新的直写技术，扩大适用于3D打印技术的材料范围，进入到细胞等活性材料领域。

(2) 控制更小的材料单元，提高控制的精度，解决精度和速度的矛盾。

(3) 对3D打印工艺进行建模、计算机仿真和优化，从而提高3D打印技术的精度，实现真正的净成形。

(4) 随着3D打印技术进入到生物材料中功能性材料的成形，材料在直写过程中的物理化学变化尤其应得到重视。

3. 生物制造与生长成形

(1) "生物零件"应该为每个个体的人设计和制造，而3D打印能够成形任意复杂的形状，提供个性化服务。

(2) 快速原型能够直接操纵材料状态，使材料状态与物理位置匹配。

(3) 3D打印技术可以直接操纵数字化的材料单元，给信息直接转换为物理实现提供了最快的方式。

4. 计算机外设和网络制造

3D打印技术是全数字化的制造技术，3D打印设备的三维成形功能和普通打印机具有共同的特性。小型的桌面3D打印设备有潜力作为计算机的外设进入艺术和设计工作室、学校和教育机构甚至家庭，成为设计师检验设计概念、学校培养学生创造性设计思维、家庭进行个性化设计的工具。

5. 快速原型与微纳米制造

微纳米制造是制造科学中的一个热点问题，根据 3D 打印的原理和方法制造 MEMS 是一个有潜力的方向。目前，常用的微加工技术方法从加工原理上属于通过切削加工去除材料、"由大到小"的去除成形工艺，难以加工三维异形微结构，使零件尺寸深宽比的进一步增加受到了限制。快速原型根据离散/堆积的降维制造原理，能制造任意复杂形状的零件。另外，3D 打印对异质材料的控制能力，也可以用于制造复合材料或功能梯度的微机械。

综上所述，3D 打印存在以下问题：

(1) 3D 打印设备价格偏高，投资大，成形精度有限，成形速度慢。

(2) 3D 打印工艺对材料有特殊要求，其专用成形材料的价格相对偏高。

这些缺点影响了 3D 打印技术的普及应用，但随着其理论研究和实际应用不断向纵深发展，这些问题将得到不同程度的解决。可以预期，未来的 3D 打印技术将会更加充满活力。

6. 3D 打印技术的发展路线

- 技术发展：3D➡4D(智能结构)➡5D(生命体)。
- 应用发展：快速原型➡产品开发➡批量制造。
- 材料发展：树脂➡金属材料➡陶瓷材料➡生物活性材料。
- 模式发展：科技企业➡产业➡分散式制造。
- 产业发展：装备➡各领域应用➡尖端科技。
- 人员发展：科技界➡企业➡金融➡创客➡协同创新。

第2章 液态树脂光固化3D打印成形原理及成形工艺

2.1 光固化成形原理

2.1.1 基本原理

利用光能的化学和热作用可使液态树脂材料产生变化的原理，对液态树脂进行有选择的固化，就可以在不接触的情况下制造所需的三维实体原型。利用这种光固化的技术进行逐层成形的方法，称之为光固化成形法。国际上通称Stereo Lithography，简称SL，也有用SLA表示光固化成形技术的。

光固化树脂是一种透明且具有黏性的光敏液体。当光照射到该液体上时，被照射的部分由于发生聚合反应而固化。目前光固化成形有两种曝光方式，如图2-1所示。图2-1(a)所示是将数字模型的分层切片断面轮廓图形通过一个投影器投射到液态树脂表面，使该树脂接受面曝光；而图2-1(b)所示的方式

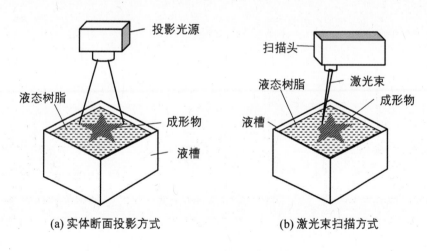

(a) 实体断面投影方式   (b) 激光束扫描方式

图2-1 两种曝光方式

是用扫描头将激光束扫描到树脂表面使之曝光。液体树脂被照射部分发生固化，成形为所需形状的一层，然后用同样方式在该层面上再进行新一层截面轮廓的辐照、固化，依此类推，从而将一层层的截面轮廓逐步叠合在一起，最终形成三维原型。

最初使快速成形技术实现工业应用的，是美国 3D Systems 公司。3D Systems 公司采用的光固化成形法是一种通过一组振镜扫描系统，将紫外激光束照射到液态的光敏树脂表面，使其固化成所需形状的技术。其工作过程如图 2-2 所示，首先在计算机上用三维 CAD 系统构成产品的三维实体模型，见图 2-2(a)；然后生成并输出 STL 文件格式的模型，见图 2-2(b)；再利用切片软件对该模型沿高度方向进行分层切片，得到模型的各层断面的二维数据群 $S_n(n=1, 2, \cdots, N)$（见图 2-2(c)）。依据这些数据，计算机从下层 S_1 开始按顺序将数据取出，通过一个扫描头控制紫外激光束，在液态光敏树脂表面扫描出第一层模型的断面形状。被紫外激光束扫描辐照过的部分，由于光引发剂的作用，引发预聚体和活性单体发生聚合而固化，产生一薄固化层，见图 2-2(d)。形成了第一层断面的固化层后，将基座下降一个设定的高度 d，在该固化层表面再涂覆上一层液态树脂。接着依上所述用第二层 S_2 断面的数据进行扫描曝光、固化，如图 2-2(e)所示。当切片分层的高度 d 小于树脂可以固化的厚度时，上一层固化的树脂就可与下层固化的树脂黏结在一起。然后第三层 S_3、第

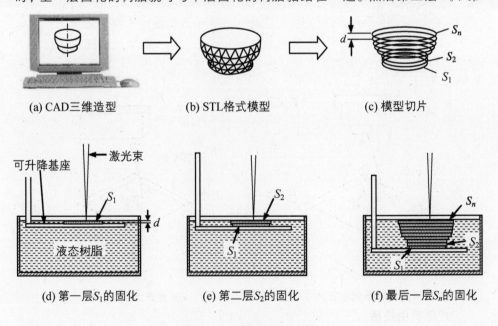

(a) CAD三维造型　　　(b) STL格式模型　　　(c) 模型切片

(d) 第一层S_1的固化　　(e) 第二层S_2的固化　　(f) 最后一层S_n的固化

图 2-2　光固化成形过程

四层 S_4……这样一层层地固化、黏结，逐步按顺序叠加直到 S_n 层为止，最终形成一个立体的实体原型，见图 2-2(f)。

2.1.2 光扫描辐照原理

对液态树脂进行光扫描曝光的方法通常有两种，如图 2-3 所示。图 2-3(a)所示是一种由计算机控制的 $X-Y$ 平面扫描仪系统，光源可以经过光纤传送到安装在 Y 轴臂上的聚焦镜中，也可通过一组定位反光镜将光传送到聚焦镜中，并通过计算机控制使聚焦镜在 $X-Y$ 平面运动，对液态树脂进行扫描曝光。图 2-3(b)所示是一种振镜光扫描系统，它是通过由振摆电机带动的两片反射镜，根据控制系统的指令，按照每一截面轮廓的要求做高速摆动，从而将激光器发出的光束反射并聚焦于液态光敏树脂表面，并沿此面做 $X-Y$ 方向的扫描运动。

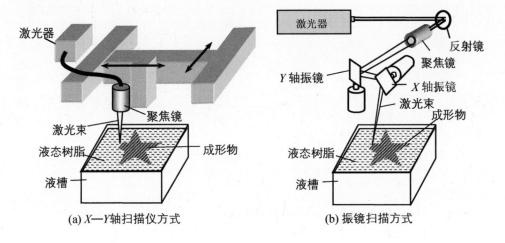

(a) $X-Y$轴扫描仪方式　　　　(b) 振镜扫描方式

图 2-3　光扫描原理

2.2　光固化成形系统

通常将从上方对液态树脂进行扫描照射的成形方式称之为自由液面型光固化成形，自由液面型光固化成形系统的构成如图 2-4 所示。这种系统需要精确检测液态树脂的液面高度，并精确控制液面与液面下已固化树脂层上表面的距离，即控制成形层的厚度。

成形机由液槽、可升降工作台、激光器、扫描系统和计算机控制系统等组成。液槽中盛满液态光敏树脂。工作台在步进电机的驱动下可沿 Z 轴方向作往

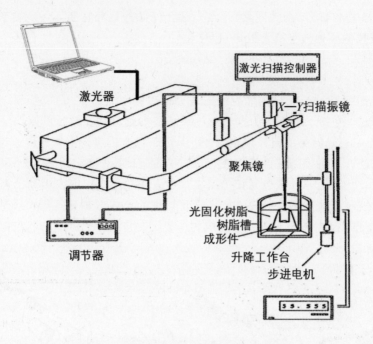

图 2-4　自由液面型光固化成形系统构成

复运动。工作台面分布着许多可让液体自由通过的小孔。光源为紫外(UV)激光器，通常为氦镉(He Cd)激光器和固态(Solid State)激光器。近年 3D Systems 公司趋向于采用半导体激光器。激光器功率一般为 $10\sim200$ mW，波长为 $320\sim370$ nm。扫描系统通常由一组定位镜和两只振镜组成。两只振镜可根据控制系统的指令，按照每一截面轮廓曲线的要求作往复转摆，从而将来自激光器的光束反射并聚焦于液态树脂的上表面，在该面做 $X-Y$ 平面的扫描运动。在这一层受到紫外光束照射的部位，液态光敏树脂在光能作用下快速固化，形成相应的一层固态截面轮廓。

2.3　光敏性树脂的固化特性

在光能的作用下会敏感地产生物理变化或化学反应的树脂一般称之为光敏树脂。其中，在光能的作用下既不溶于溶剂，又能从液体转变为固体的树脂称之为光固化性树脂。它是一种由光聚合性预聚合物(Pre-Polymer)或齐聚物(oligomer)、光聚合性单体(monomer)以及光聚合引发剂等为主要成分组成的混合液体。其主要成分有齐聚物(oligomer)、丙烯酸酯(acrylate)和环氧树脂(epoxy)等种类，它们决定光固化产物的物理特性。因为齐聚物的黏度一般很高，所以要将单体作为光聚合性稀释剂加入其中以改善树脂整体的流动性。在固化反应时单体也与齐聚物的分子链反应并硬化。体系中的光聚合引发剂能在光能的照射下分解，成为全体树脂聚合开始的"火种"。有时为了提高树脂反应时的感光度，还要加入增感剂，其作用是扩大被光引发剂吸收的光波长带，以提高光能的效率。此外，体系中还要加入消泡剂、稳定剂等。根据光固化树脂的反应形式，可分为自由基聚合和阳离子聚合两种类型。

2.3.1 光固化成形对树脂材料的要求

激光快速成形系统制造原型、模具，要求快速准确，对制件的精确性及性能要求严格，这就使得用于该系统的光固化树脂必须满足以下条件：

(1) 固化前性能稳定，在可见光照射下不发生化学反应。

(2) 黏度低。由于是分层制造技术，光敏树脂进行的是分层固化，因此要求液体光敏树脂黏度较低，从而能在前一层上迅速流平，而且树脂黏度小，可以缩短制件的制作时间，同时还给设备中树脂的加料和清除带来便利。

(3) 光敏性好。对紫外光的光响应速率高，在光强不是很高的情况下能快速固化成形。

(4) 固化收缩小。特别要求在后固化处理中收缩要小，否则会严重影响制件的精度。

(5) 溶胀小。由于在成形过程中，固化产物浸润在液态树脂中，如果固化物发生溶胀，将会使制件产生明显形变。

(6) 半成品强度高，以保证后固化过程不发生形变、膨胀，不出现气泡及层分离等。

(7) 最终固化产物具有较好的机械强度，耐化学试剂，易于洗涤和干燥，并具有良好的热稳定性。

(8) 毒性小。未来的3D打印成形可以在办公室中完成，因此对单体或预聚物的毒性以及对大气的污染有严格要求。

随着现代科技的进步，3D打印成形技术得到了越来越广泛的应用。为了满足不同需要，对树脂的要求也随之提高。例如，利用丙烯酸单体和不饱和聚酯制备出的具有互穿网络结构的高分子合金；将羟基氟化物(Hydroxyflourones)和咕吨(Xanthenes)等两种物质引入到光固化体系的配方中，制得新型光敏树脂，该树脂光固化后，得到的模型可以应用于汽车工业、玻璃工业及医疗设备中；还有人将陶瓷粉末加入到用于UV固化的溶液中，同样可以获得光固化制件。

2.3.2　光固化的特性

1. 固化形状

　　激光的单一性使得其可将光聚集得很小，因此一般用激光作光源。图 2-5 所示是激光束光强度沿光斑半径方向的高斯分布状态，光束的中心部分光强度最高。其中，I 表示单位面积的光强度，I_0 是光束中心部分的 I 值。沿 Z 方向即光束轴线方向，为光强的空间分布。取一直角坐标系 X、Y 平面垂直于光束轴线，则光强度在 X、Y 平面的分布可用式(2-1)来表示。

$$I(x, y) = \left\{\frac{2P_t}{\pi r_0{}^2}\right\} \exp\left(-\frac{2r^2}{r_0{}^2}\right) \tag{2-1}$$

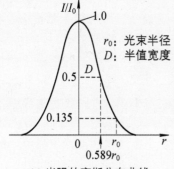

I/I_0

1.0

r_0：光束半径
D：半值宽度

0.5

D

0.135

0　r_0　r

$0.589r_0$

(a) 光强的高斯分布曲线

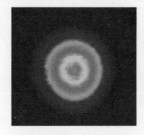

(b) 光束截面的光强分布

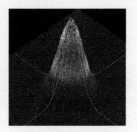

(c) 光强分布三维图

图 2-5　单一模式激光束截面的光强度分布

式中，P_t 为激光全功率，r 是距光轴原点(x_0, y_0)的距离，可用(2-2)式表示。

$$r = \{(x - x_0)^2 + (y - y_0)^2\}^{\frac{1}{2}} \tag{2-2}$$

r_0 是激光束中心光强度值 $1/e^2$（约 13.5%）处的半径。当激光束垂直地照射在树脂液面时，设液面为 Z 轴的原点，激光强度 $I(x, y, z)$ 沿树脂深度方向 Z 分布，光强度遵循 Lambert-Beer 法则，沿 Z 方向衰减，即

$$I(x, y, z) = \left\{\frac{2P_t}{\pi r_0{}^2}\right\} \exp\left(-\frac{2r^2}{r_0{}^2}\right) \exp\left(-\frac{z}{D_p}\right) \tag{2-3}$$

式中，D_p 是光在树脂中的透过深度。

　　照射在树脂上的激光束处于静止状态时，该处树脂上的曝光量 E 是时间 τ 的函数，可表示为

$$E(x, y, z) = I(x, y, z) \cdot \tau \tag{2-4}$$

此时光固化形状如图2-6(a)所示，呈旋转抛物面状态。

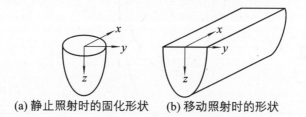

(a) 静止照射时的固化形状　　(b) 移动照射时的形状

图2-6　激光束照射得到的固化形式

光成形时激光束是按一定速度扫描的，当其沿 X 轴方向以速度 v 进行扫描时，在某时刻 t，树脂中一点的光强度可表示为 $I(x-vt,\ y,\ z)$。当扫描范围在 $-\infty < x < \infty$ 之间时，树脂各部分曝光量为

$$E(x,\ y,\ z) = \int_{-\infty}^{\infty} I(x-vt,\ y,\ z)\ \mathrm{d}t$$

$$= \frac{\left(\frac{\sqrt{2}}{\pi}\right)P_t}{\pi r_0 v} \exp\left(\frac{-2y^2}{r_0^2}\right) \exp\left(-\frac{z}{D_p}\right) \qquad (2-5)$$

当 $E = E_c$（临界曝光量）时开始固化，当 $E \geqslant E_c$，$z \geqslant 0$ 时则式(2-5)变为

$$\frac{2y^2}{r_0^2} + \frac{z}{D} = \ln\left[\frac{\left(\frac{\sqrt{2}}{\pi}\right)P_t}{r_0 v E_c}\right] \qquad (2-6)$$

图2-6(b)中的 $(y,\ z)$ 平面是关于 Z 轴的抛物线，沿 X 轴方向是等截面的柱体。

将 $z = 0$ 代入式(2-6)中，求出 y 值，即可得到2倍的固化宽度 W，即

$$W = 2r_0 \left\{ \ln\left[\left(\frac{\sqrt{2}}{\pi}\right)\frac{P_t}{r_0 v E_c} \right] \right\}^{\frac{1}{2}} \qquad (2-7)$$

图2-7中的激光总功率 P_t、激光半径 r_0 以及扫描速度 v，均由临界曝光量 E_c 所决定。

光固化成形过程如图2-8所示，控制激光束按 $E \geqslant E_c$，$z \geqslant 0$ 时决定的单个树脂固化空间相互重叠地进行扫描，使单个固化体相互黏结而形成一个整体形状。

2. 固化曲线

当一束均匀的光从液面上方垂直照射到树脂上时，在液面下一定深度 Z 处的曝光量为 E，用曝光时间 τ 乘以式(2-1)，即 $I\tau = E$，$I_0\tau = E_0$，则得

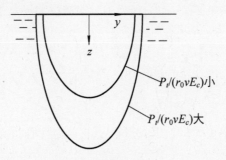

图 2-7　固化因子及尺寸

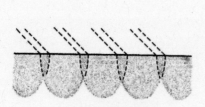

(a) 水平方向扫描成形　　　　　(b) 垂直方向(叠层)扫描成形

图 2-8　光固化成形过程

$$E(z) = E_0 \exp\left(-\frac{z}{D_p}\right) \tag{2-8}$$

式中，E_0 为液面的曝光量。

　　光引发剂在光的照射下发生分解，对于丙烯酸系单体这种有氧气阻聚特性的树脂，产生的自由基都被溶解在树脂中的氧消耗掉了。但当 E 超过某个值后，氧对自由基的消耗达到饱和时开始出现初始聚合反应。设该临界值为 E_c，则在一定深度范围内产生固化。当 $E(z) \geqslant E_0$ 时，固化的范围为

$$z \leqslant D_p \ln\left(\frac{E_0}{E_c}\right) \tag{2-9}$$

式(2-9)等号左边的 z 为深度，设其值为 C_d，则

$$C_d = D_p \ln\left(\frac{E_0}{E_c}\right) \tag{2-10}$$

　　固化深度与曝光量 E_0 成对数比例关系，这一关系曲线称之为固化曲线，该曲线因树脂的种类而异。如将式(2-10)改写为

$$C_d = D_p \ln E_0 - D_p \ln E_c \tag{2-11}$$

并将 E_0 作为对数坐标，则表示固化深度的固化曲线成为直线，其斜率为 D_p。

式(2-11)中的第二项表示固化阻聚,当 E_0 增加 C_d 为正值时,固化开始。也就是说,E_c 为表示树脂感光度的参数之一。因为阻聚的主要因素为氧气阻聚,所以如果没有氧气阻聚的话,E_0 会很小,E_0 很快达到正值,使固化开始。如果自由基聚合型树脂在氮气环境中长期放置,树脂中的氧气会释放出,E_c 值变小。

图 2-9 所示是通过实验得到的丙烯酸树脂的固化曲线,从中可知,如同理论上所指出的,可以用直线来近似。同时可以看出,丙烯酸树脂在空气中由于氧气阻聚的原因,其 E_c 值更大,即在同样的固化深度值上较之在氩气中需要更大的曝光量。在控制固化深度中,固化曲线是经常用到的一个重要特性。

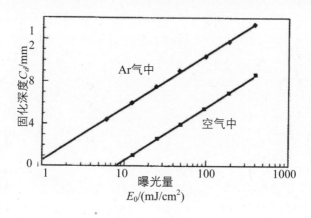

图 2-9 固化曲线

3. 感光度

若 I 为照射到液态树脂中的光强度,分子吸光率为 ε,光引发剂的浓度 $(\mathrm{mol/l})$ 为 c,则沿深度 z 方向的吸光比例可表示为

$$\frac{\mathrm{d}I}{\mathrm{d}z} = -\varepsilon c I \tag{2-12}$$

因而,在单位时间里光引发剂所吸收的光用每单位体积

$$I_a(x,y,z,t) = \varepsilon c I \tag{2-13}$$

来表示。其结果是光引发剂的浓度变化率出现衰减:

$$\frac{\mathrm{d}c}{\mathrm{d}t} = -\varphi I_a \tag{2-14}$$

式中,φ 是光引发剂光反应的量子效率。

设 R_p 为光聚合速度,则单体以及齐聚物的浓度 M 的变化率为

$$\frac{\mathrm{d}M}{\mathrm{d}t} = -R_p \tag{2-15}$$

这里，R_p 与扩散系数 k_p 成正比，可表示为

$$R_p = k_p M (\varphi I_a / k_t)^{\frac{1}{2}} \qquad (2-16)$$

因此

$$\frac{\mathrm{d}M}{\mathrm{d}t} = -k_p M (\varphi I_a / k_t)^{\frac{1}{2}} \qquad (2-17)$$

式中，k_t 为终止速率。因为 $\mathrm{d}M/\mathrm{d}t$ 是单位时间的反应量，从式(2-17)也可看出在反应初期，M 值大则反应活泼；光引发剂浓度大则反应速度快；树脂的流动性高则扩散系数大。由此可知，用强光照射可提高反应效率。

图2-10为分子吸光系数 ε、引发剂浓度 c 与 D_p 间关系的实验数据。由图可知，在同一曝光量下，可用引发剂浓度控制其固化深度，浓度高则固化范围浅。

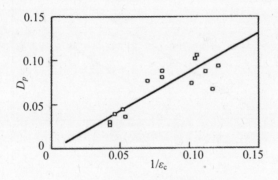

图2-10 引发剂与固化深度的关系

由式(2-16)可知，$I_a=0$ 则 $R_p=0$，即当光的照射一停止，聚合反应即刻终止。但实际上当光的照射停止后还有部分自由基生存并继续反应(即所谓"暗反应")。因此，如果设自由基浓度为 R、k_1、k_2 为自由基的增减系数，则有

$$\frac{\mathrm{d}R}{\mathrm{d}t} = \varphi I_a - k_1 MR \qquad (2-18)$$

$$\frac{\mathrm{d}M}{\mathrm{d}t} = -k_1 MR \qquad (2-19)$$

这个说明，当光的照射停止，即 $I_a=0$ 时，浓度 R 呈递减变化，反应逐渐终止。

图2-11表示阳离子树脂的感光度与树脂温度间关系曲线，图2-12是该树脂的黏度与树脂温度间的关系曲线。由此可知，如对这种树脂进行加温的话，在降低其黏度的同时可提高其感光度。

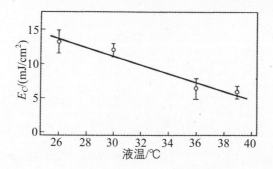

图 2-11 感光度与树脂温度的关系

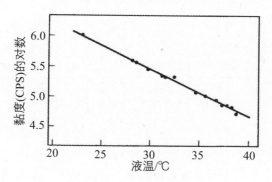

图 2-12 黏度与树脂温度的关系

2.4 光固化成形工艺

2.4.1 成形系统及工作原理

如图 2-13 所示，光固化成形系统的硬件部分主要由激光器、光路系统(图 2-13 中的构件 1~6)、扫描照射系统(图 2-13 中的构件 7)和分层叠加固化成形系统(图 2-13 中的构件 9~10)几部分组成。光路及扫描照射系统可以有多种形式，光源主要采用波长为 325~355 nm 的紫外光。设备有紫外灯、He-CO 激光器、亚离子激光器、YAG 激光器和 YVO4 激光器等，目前常用的有 He-CO 激光器和 YVO4 激光器。辐照方式主要有 X、Y 扫描仪和振镜扫描两种，目前最常用的是振镜扫描系统。

这里以图 2-13 所示的光固化成形系统为例，阐述光固化成形系统及其工作原理。

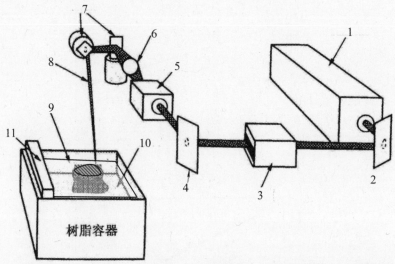

1—激光器；2—反射镜；3—光阑；4—反射镜；5—动态聚焦镜；6—聚焦镜；
7—振镜；8—激光束；9—光固化树脂；10—工作台；11—涂敷板

图 2-13　光固化成形系统结构原理图

激光束从激光器发出，通常光束的直径为 1.5～3 mm。激光束经过反射镜折射并穿过光阑到达反射镜，再折射进入动态聚焦镜。激光束经过动态聚焦系统的扩束镜扩束准直，然后经过凸透镜聚焦。聚焦后的激光束投射到第一片振镜，称 X 轴振镜，再从 X 轴振镜再折射到 Y 轴振镜，最后，激光束投射到液态光固化树脂表面。计算机程序控制 X 轴和 Y 轴振镜偏摆，使投射到树脂表面的激光光斑能够沿 X—Y 轴平面作扫描移动，将三维模型的断面形状扫描到光固化树脂上使之发生固化；然后计算机程序控制托着成形件的工作台下降一个设定的高度，使液态树脂能漫过已固化的树脂；再控制涂敷板沿平面移动，使已固化的树脂表面涂上一层薄薄的液态树脂；计算机再控制激光束进行下一个断层的扫描，依此重复进行直到整个模型成形完成。

2.4.2　成形过程

光固化成形的全过程一般分为前处理、分层叠加成形、后处理三个主要步骤。

1. 前处理

所谓前处理，包括成形件三维模型的构造、三维模型的近似处理、模型成形方向的选择、三维模型的切片处理和生成支撑结构。图 2-14 表示这种处理的程序。

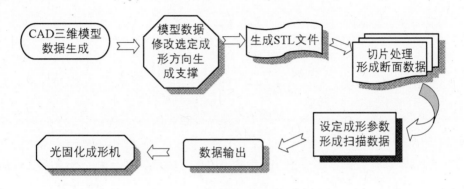

图 2-14 数据前处理程序流程

由于快速成形系统只能接受计算机构造的原型的三维模型，然后才能进行其他的处理和造型。因此，首先必须在计算机上，用三维计算机辅助设计软件，根据产品的要求设计三维模型；或者用三维扫描系统对已有的实体进行扫描，并通过反求技术得到三维模型。

在将模型制造成实体前，有时要进行修改。这些工作都可以在三维设计软件上进行。模型确定后，根据形状和成形工艺性的要求选定成形方向，调整模型姿态；然后使用专用软件生成工艺支撑。模型和工艺支撑一起构成一个整体，并转换成 STL 格式的文件。

用计算机辅助设计软件产生的模型数据文件的输出格式，常见的有 IGES、HPGL、STEP、DXF 和 STL 等。

STL(Stereo Lithography Interface Specification)是目前快速成形系统常用的一种文件格式，它由一系列相连的空间三角形组成，即用一系列的小三角形平面来逼近曲面。其中，每个三角形用 3 个顶点的坐标(x、y、z)和 1 个法向量 N 来描述，如图 2-15 所示。三角形的大小是可以选择的，从而能得到不同的曲面近似精度。STL 格式最初出现于 1988 年美国 3D Systems 公司生产的 SLA 快速成形系统中，目前是快速成形系统中最常用的一种文件格式。这种格式有 ASCII 码和二进制码两种输出形式，二进制码输出形式所占用的文件空间比 ASCII 码输出形式的小得多，一般来说，前者所占空间仅为后者的六分之一左右。

生成 STL 格式文件的三维模型后要进行切片处理。由于快速成形是用一层层断面形状来进行叠加成形的，因此，加工前必须在三维模型上，用切片软件，沿成形的高度方向，每隔一定间隔进行切片处理，提取断面轮廓的数据。

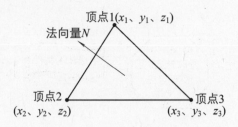

图 2-15　三角形面片的表示

切片间隔愈小，精度愈高。间隔的取值范围一般为 $0.025\sim0.3$ mm。

成形运行前需要设定一些工艺参数，如激光功率、扫描速度和树脂材料的温度等，然后将三维模型的切片数据和工艺参数数据形成加工指令输入到光固化成形机中。

2. 分层叠加成形过程

分层叠加成形是快速成形的核心，其过程是模型断面形状的制作与叠加合成的过程。快速成形系统根据切片处理得到的断面形状，在计算机的控制下，快速成形机的可升降工作台的上表面处于液面下一个截面层厚的高度（约 0.025 ~0.3 mm），将激光束在 $X-Y$ 平面内按断面形状进行扫描，扫描过的液态树脂发生聚合固化，形成第一层固态断面形状之后，工作台再下降下一层高度，使液槽中的液态光敏树脂流入并覆盖已固化的断面层；然后成形机控制一个特殊的涂敷板，按照设定的层厚沿 $X-Y$ 平面平行移动，使已固化的断面层树脂覆上一层薄薄的液态树脂，该层液态树脂保持一定的厚度精度；再用激光束对该层液态树脂进行扫描固化，形成第二层固态断面层。新固化的这一层黏结在前一层上，如此重复直到完成整个制件。

3. 光整处理

树脂固化成形为完整制件后，从快速成形机上取下的制品需要去除支撑结构，并将成形件置于大功率紫外灯箱中作进一步的内腔固化。此外，制件的曲面上存在因分层制造引起的阶梯效应（见图 2-16(a)），以及因 STL 格式的三角面片化而可能造成的小缺陷；制件的薄壁和某些小特征结构的强度、刚度不足；制件的某些形状尺寸精度还不够；表面硬度也不够，或者制件表面的颜色不符合用户要求等。因此，一般都需要对快速成形制件进行适当的后处理。

制件表面有明显的小缺陷而需要修补时，可用热熔塑料、乳胶和细粉料调和而成的腻子或湿石膏予以填补，然后用砂纸打磨、抛光和喷漆（见图 2-16(b)）。打磨、抛光的常用工具有各种粒度的砂纸、小型电动或气动打磨机，也有使用喷砂打磨机进行后处理的。

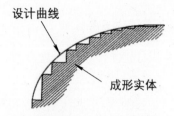

(a) 因分层制造引起的台阶效应　　　　　　(b) 打磨、抛光和喷漆

图 2-16　制件后的处理

2.4.3　成形工艺

由于各种因素会使成形件出现收缩变形，复杂结构的模型需要附加工艺支撑结构，成形件的阶梯效应需要采取工艺措施减小等原因，制造实体模型前需要通过软件设定一些工艺措施对数字模型进行修饰、调整或补偿。有两种主要方式进行，一种是直接对 CAD 三维模型进行操作，另一种是修改或调整扫描路径数据，分别阐述如下。

1. 直接对 CAD 三维模型进行操作

(1) 调整模型在制作时的方向。

(2) 对模型进行扩大或缩小。

(3) 设定一次同时制作多个模型。

(4) 设定模型在升降工作台上的位置。

2. 修改或调整扫描路径数据

对三维模型数据修改、调整，或对三维断面形状的扫描轨迹数据作修饰，以期提高成形精度。

(1) 精度设定：是指在 X—Y 平面，设计的三维模型断面轮廓与激光束实际扫描轮廓间的最大容许误差的设定。这个误差越小，制件的曲面越光滑。

(2) 模型断面切片厚度设定：如图 2-17 所示，在切片厚度一定时，曲面与水平面的夹角越小其台阶效应越大。因此，可以根据模型的方向及其曲面对水平面夹角较小的部分，设定更小的切片厚度。

(3) 扫描轨迹偏移：使激光束扫描的轮廓大于设计轮廓(见图 2-18(a))，让成形件留有一个加工余量；或使其扫描的轮廓小于设计轮廓(见图 2-18(b))，让成形件留有一个涂覆涂料的余量。

(4) 添加底垫支撑：如图 2-19 所示，在成形实体模型与升降台之间需要设一层底垫支撑框架，让模型离开升降台一点距离成形，使成形件不受升降台

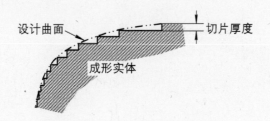

图 2-17　切片厚度与台阶效应

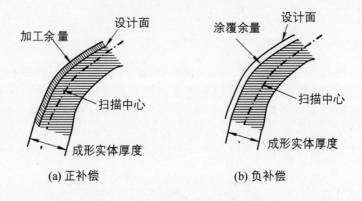

(a) 正补偿　　　　　　　　　(b) 负补偿

图 2-18　扫描轨迹的偏移补偿

不平度的影响。底垫支撑是一些类似薄筋板的结构,以便实体模型成形完成后易于去除并移出实体模型。

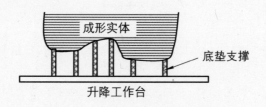

图 2-19　增添底垫支撑示意图

(5) 添加框架及柱形支撑:当紫外光辐照在光固化树脂上使其完全固化时,由于固化树脂的收缩,使制件在成形过程中就会发生变形,这时不管用什么方法对树脂的曝光部分稍加固定,都可以防止制件的变形。如图 2-20 所示,采用一种框架支撑结构对制件整体进行加固,使框架支撑与制件一起成形。

图 2-21 所示为添加的柱型支撑结构与制件一起成形。其功能是一方面防止成形实体在水平方向伸出的部分发生变形,同时也可防止成形途中制件从升降工作台漂离开。上述框架支撑结构和柱型支撑结构均与底垫支撑一样,其强

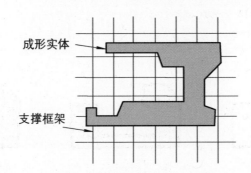

图 2-20　框架支撑结构示意图

度远比成形实体低，使得对制件进行后处理打磨时易于去除掉这些支撑。

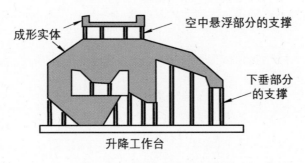

图 2-21　柱型支撑结构示意图

（6）扫描路径的选择：激光束扫描一个切片断面的方式有三种，即沿断面外轮廓边沿的扫描；除轮廓边沿以外，内部的蜂巢状格子结构的扫描；内部的密集填充扫描。可以选用一种结构复杂的模型，其制作过程包括上述三种扫描方式。甚至可以采用一种包括安装有开关、电机等的组合模型一次完成其制作，以此来测试成形工艺性。

2.4.4　成形时间

成形时间主要与模型的体积、模型内树脂按一定比例的填充率以及单位时间内的固化量等有关，可以表示为

成形时间 = 总层数 × (单层的扫描时间 + 未固化层形成的时间)

$$(2-20)$$

式中，

$$总层数 = \frac{模型高度}{层厚度} \qquad (2-21)$$

$$单层的扫描时间 = \frac{断面积 \times 扫描密度(断面内的填充率)}{扫描速度} \qquad (2-22)$$

扫描密度如图 2-22 所示，图 2-22(a)只扫描外圈，密度最低；图 2-22(b)除了扫描外圈，其内部用网格状填充，密度次之；图 2-22(c)的整个断面全部扫描固化，其密度为1。

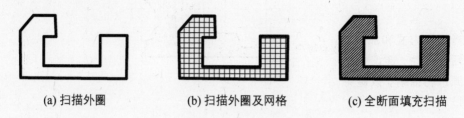

(a) 扫描外圈　　　　　　(b) 扫描外圈及网格　　　　　(c) 全断面填充扫描

图 2-22　扫描方式及其填充率示意图

扫描速度是激光强度、树脂感光度和层厚度的函数，并与单位时间的固化量有关。由上述可知，要缩短成形时间可以采取以下一些措施：

(1) 调整模型的姿态，使其高度方向尺寸减小。

(2) 降低单层扫描的填充率。

(3) 增强激光功率并提高扫描速度。

(4) 采用低临界曝光量 E_c 的树脂并提高扫描速度。

(5) 增加单层的厚度，使总层数减少。

2.4.5　成形件的后处理

原型在液态树脂中成形完毕，升降台将其提升出液面后取出，并开始进行光整、打磨等后处理。后处理的方法可以有多种，这里列举一种阐述其过程以作参考。

1. 取出成形件

将薄片状铲刀插入成形件与升降台板之间，取出成形件。如果成形件较软，可以将成形件连同升降台板一起取出，进行后固化处理。

2. 未固化树脂的排出

如果在成形件内部残留有未固化的树脂，则由于在后固化处理或成形件储存的过程中发生暗反应，使残留树脂固化收缩引起成形件变形，因此从成形件中排出残留树脂很重要。如图 2-22(a)所示的成形件结构常常会将未固化的树脂封闭在里面，必须在设计 CAD 三维模型时预开一些排液的小孔，或者在成形后用钻头在适当的位置钻几个小孔，将液态树脂排出。

3. 表面清洗

可以将成形件浸入溶剂或者超声波清洗槽中清洗掉表面的液态树脂，如果使用的是水溶性溶剂，清洗完后，应用清水洗掉成形件表面的溶剂，再用压缩空气将水除掉，最后用蘸上溶剂的棉签除去残留在表面的液态树脂。

4. 后固化处理

当用激光照射成形的原型件硬度不满足要求时，有必要再用紫外灯照射的光固化方式和加热的热固化方式对原型件进行后固化处理。用光固化方式进行后固化时，建议使用能透射到原型件内部的长波长光源，且使用照度较弱的光源进行照射，以避免由于急剧反应引起内部温度上升。要注意的是，随着固化过程产生的内应力、温度上升引起的软化等因素会使制件发生变形或者出现裂纹。

5. 去除支撑

用剪刀和镊子等将支撑去除，然后用锉刀和砂布进行光整。对于比较脆的树脂材料，在后固化处理后去除支撑容易损伤制件，建议在后固化处理前去除支撑。

6. 机械加工

这里指在成形件上打孔和攻螺纹的加工。一般来说，对塑料进行切削、铣削、研磨等精加工时都会发生小片剥离缺损和开裂等问题。特别是打孔时，主要是防止开裂和结胶。对于阳离子型树脂，进刀速度过慢会发生结胶气味，速度过快会出现裂纹。钻孔时为了防止开裂，应避免钻头的偏心旋转。旋转速度较慢时，力矩不能过大。需要攻螺纹的孔，须选择适当的底孔径，攻螺纹时不要用力过猛。

7. 打磨

用光固化快速成形技术制造的成形件表面都会有约 0.05~0.1 mm 的层间台阶效应，会影响制件的外观和质量。因此，有必要用砂纸打磨制件的表面，去掉层间台阶，获得光滑的表面效果。其方法是先用 100 号的粗砂纸进行打磨，然后逐渐换细砂纸，直换到 600 号砂纸打磨为止。每次更换砂纸时都要用水将制件洗净，并风干。最后采用抛光打磨直到表面光亮为止。在更换砂纸渐进打磨的过程中，进行到一定程度时，如果用浸润了光固化树脂的布头涂擦制件表面，使液态树脂填满层间台阶和细小的凹坑，再用紫外灯照射，即可获得表面光滑而透明的原型件。

如果制件表面需要喷涂漆，则用以下方法进行处理：

(1) 先用腻子材料填补层间台阶。要求这种腻子材料收缩率小、打磨性要好，并对树脂的原型件有较好的黏附性。

(2) 喷涂底色，覆盖突出部分。

（3）用 600 号以上的水砂纸和磨石打磨几个微米的厚度。

（4）用喷枪喷涂 $10~\mu m$ 左右的面漆。

（5）最后用抛光剂将原型件打磨成镜面。

第3章 光固化成形的精度及检测

　　自从3D打印成形技术出现以来，3D打印成形领域的不少学者一直在提出新理论、新发明、新工艺方法，提高了3D打印技术的制造水平，扩大了其应用领域。每一次在精度上的突破都使得3D打印成形技术不断进步。从发展历程看，光固化成形尺寸的均方根误差已经从0.229 mm降到了0.046 mm。目前层间厚度已经达到0.025 mm，可成形的最小壁厚已达到0.5 mm。随着成形精度的提高，光固化成形技术被应用到各个制造领域，大大地提高了生产效率。要使光固化成形技术达到设计需要的精度要求，充分了解影响成形精度的所在，并尽量解决它是很必要的。

3.1　影响精度的因素

　　在光固化成形过程中，影响成形精度的最主要环节有造形及工艺软件、成形过程及材料、后处理过程。而在众多因素中影响最大的就是液态光敏树脂的固化收缩，由于3D打印成形过程是利用材料的层叠加成形原理，层间台阶效应也是影响制件精度的主要因素。以下列举分析在制件成形过程各个环节中影响精度的因素：

3.1.1　软件造成的误差

1. 数字模型近似的误差

　　目前快速成形领域通用一种STL格式的三维数字模型，这是一种用无数三角面片逼近三维曲面的实体模型，如图3-1所示，由此造成曲面的近似误差。

　　如果用更细小的三角面片去近似曲面则可减小近似误差，但却产生了大量的三角形，使数据量增大，处理时间拉长。

2. 分层切片误差

　　成形前模型需要沿Z轴方向进行切片分层，由此曲面沿Z轴方向会形成台

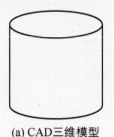 

(a) CAD三维模型　　　　　(b) 三角面片近似模型

图 3-1　用三角面片近似曲面

阶效应(见图 2-17)。降低分层的厚度可以减小台阶效应造成的误差,目前最小的分层厚度可达到 0.025 mm。

3. 扫描路径误差

对于扫描装置来说,一般很难真正扫描曲线,但可以用许多短线段来近似曲线,这样就会产生扫描误差,如图 3-2 所示。如果误差超过了容许范围,可以加入插补点使路径逼近曲线,减少扫描路径的近似误差。

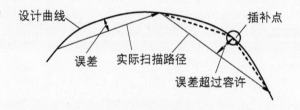

图 3-2　用短线段路经近似曲线

3.1.2　成形过程造成的误差

1. 激光束的影响

由激光束的影响而造成的误差主要有以下几种:

(1) 激光器和振镜扫描头由于温度变化和其他因素的影响,会出现零飘或增溢飘移现象,造成扫描坐标系统偏移,使下层的坐标原点与上层的坐标原点不一致,致使各个断面层间发生相互错位。这可以通过对光斑的在线检测,并对偏差量进行补偿校正消除误差。

(2) 振镜扫描头结构本身造成原理性的扫描路径枕形误差,振镜扫描头安装误差造成的扫描误差,可以用一种 $X—Y$ 平面的多点校正方法消除扫描误差。

(3) 激光器功率如果不稳定,使被照射的树脂接受的曝光量不均匀。光斑的质量不好、光斑直径不够细等都会影响制件的质量。

2. 树脂固化收缩的影响

高分子材料的聚合反应，一般会出现固化收缩的现象。因此，光固化成形时，光敏树脂的固化收缩会使成形件发生变形，即在水平方向和垂直方向发生收缩变形。这里用图3-3说明其变形过程，如图3-3(a)所示的成形件悬臂部分，当激光束在液态树脂表面扫描，悬臂部分为第一层时，液态树脂发生固化反应并收缩，其周围的液态树脂迅速补充，此时固化的树脂不会发生翘曲变形。然后升降台下降一个层厚的距离(约0.1 mm)，使已固化成形的部分沉入液面以下，其上表面被涂敷一层薄树脂(厚度与下降的层厚一致)，激光束再扫描上表面这层液态树脂。上表面这层树脂发生固化反应，并与下面一层已固化的树脂黏结在一起，此时上层新固化的树脂由于收缩拉动下层已固化的树脂，结果导致悬臂部分发生翘曲变形，如图3-3(b)所示。如此一层一层继续固化成形下去，已固化部分不断增厚使刚度增强，上面一薄层树脂固化的微弱收缩力已拉不动下层，翘曲变形渐渐停止，但下表面的变形部分已经定形，如图3-3(c)所示。

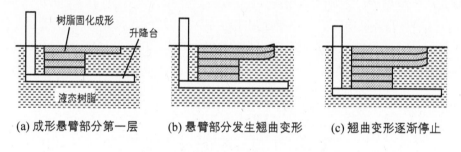

(a) 成形悬臂部分第一层　　(b) 悬臂部分发生翘曲变形　　(c) 翘曲变形逐渐停止

图3-3　树脂固化成形过程发生翘曲变形

3. 形状多余增长

所谓形状多余增长，是指在成形件形状的下部，树脂固化深度超量，使成形形状超出设计的轮廓(见图3-4)，如不注意解决会产生如下一些问题：

(1) 成形件悬臂部分的下边由于形状多余增长产生误差，如图3-4(a)所示。

(2) 成形件的小孔部分会出现塌陷，大孔部分会变成椭圆，如图3-4(b)所示。

(3) 对于成形件的圆柱部分会出现下耷拉型椭圆，如图3-4(c)所示。

形状多余增长问题可以有两种解决方法：一是采用软件检测数字模型下部的特征，并通过修改模型的数据对其有可能向下多余增长的部分进行向上补偿；二是对于精度要求高的部分，可以在成形前将模型旋转一个角度，使该部分处于不会出现多余增长的垂直方向。

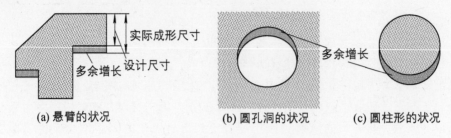

(a) 悬臂的状况   (b) 圆孔洞的状况   (c) 圆柱形的状况

图 3-4　成形件出现多余增长现象示意图

3.2　衡量精度的标准

确定一种检测成形精度的标准形状，有利于定量描述成形系统的精度、比较两台设备间的精度差别、比较几种树脂间不同的特性、验证成形工艺经改善后的效果。

1990 年，北美光固化成形技术应用组织发明了一种可以检测快速成形机整体精度的标准测试件，称之为 user-part，如图 3-5 所示。自此以后，3D Systems 公司就借助该方法不断地应用于优化成形方法的研究，提高精度和加工性能。图 3-5 就是该部件的图和它的相关尺寸(英制单位)。这个几何形状具有下面一些特性：

(1) 在 X、Y 轴上的尺寸足够大，以至可以表述光固化成形机的承物台边缘和中间的所有部分的精度。

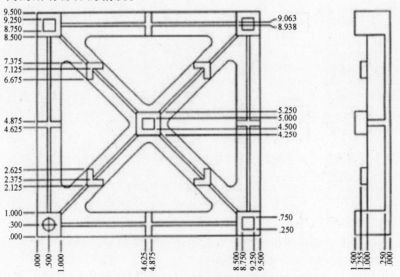

图 3-5　光固化成形精度标准测试件结构图

（2）具有大、中、小三种不同类型的数据。

（3）用内、外两个尺寸来衡量线性补偿是否合适。

（4）在 Z 轴方向的尺寸很小，可减少测量时间。

（5）很大程度上减少了材料的损耗。

（6）各尺寸数据很容易用综合测量仪测量得到。

（7）将平面、圆角、方孔、平面区域和截面厚度都表示了出来。

3.3　标准测试件的测量

缺乏复杂度的成形件难于作为公用的检测标准，也不能很明显地表示出系统误差。尽管这个 user-part 检测件可能缺乏几何的多样性，但应用这个检测件后，用同样的设备、同样的方法，得到了相当多的基础数据，这些数据已经成为研究和进一步开发的公用标准，并具有宝贵的参考价值。图 3-6 是一个示意

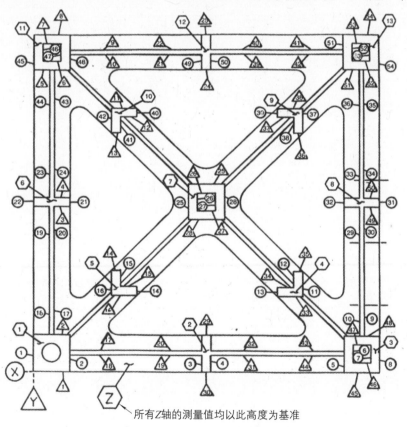

所有 Z 轴的测量值均以此高度为基准

图 3-6　光固化成形精度标准测试件测试方法示意图

图，它表示了用一台综合测量仪测数据时的位置和顺序，总共有170个尺寸点，其中 X 方向上78个，Y 方向78个，Z 方向是14个。

图3-7所示是一个用来简单测试成形件的翘曲量的检测形状。该形状成形件的中间部分被黏结在工作台上，其目的是测试悬出端部分由于变形发生的与工作台之间距离的变化。

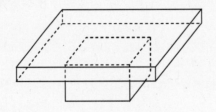

图3-7 测试翘曲量的模型

3.4 提高精度的方法

提高零件精度的技术可以分为四个大的方面：

(1) 树脂材料：需要材料有高的强度、低的黏度，并且变形很小。

(2) 硬件方面：使加工用的激光束更精细并且使得流体的平面能有非常高的精确度。

(3) 软件方面：使扫描路径不断优化，并且可以提供更加精确的加工文件文档(如分层数据等)。

(4) 制造工艺：使得整个设备很好地利用树脂、机器和软件等方面的优势，更进一步协调来增强整个光固化系统的精度和机能。

第4章 液态树脂光固化3D打印成形用材料

3D打印制造技术作为一种多学科的交叉技术，材料是该技术的核心之一，它直接决定了成形的工艺、设备结构、成形件的性能、成形效益等。增材制造技术的发展充分证实了这一点，从1988年SL的出现到LOM、SLS、FDM和3DP等的出现，都是由于一种新材料的出现或运用，SL材料为液态的光敏树脂、LOM的材料为薄层材料、SLS的材料为粉末材料、FDM的材料为塑料丝等。因成形材料在物理形态、化学性能等方面的千差万别，才形成了与之相对应的各种快速成形方法和工艺。3D打印制造技术在几十年的发展中，材料的进展是其重要的推动力。

因此，国内外各从事快速成形研究的公司及大学都对材料的研究及开发投入了大量的人力和物力，以期待开发出强度更高、性能更好、用途更广的新材料，甚至新的成形方法。下面仅对液态树脂光固化成形所用的材料进行介绍。

4.1 光敏树脂概述

SL成形技术是商业化最早、市场占有率最高的快速成形系统。各厂家所使用的树脂在性能上有较大的差异，且都在不断发展中。SL技术多采用紫外激光器作光源，所以属于UV固化的范畴。SL成形所用材料为液态的光敏树脂，如丙烯酸酯体系、环氧树脂体系等。其他成形方法如LOM、SLS、FDM等技术成形时主要发生的是物理变化，而SL材料是一种反应型的热固性材料，成形时发生的主要是化学反应，即发生固—液—固的转变。

光敏树脂材料指的是在光的作用下能表现出特殊功能的树脂/材料，其范围包括很广，表4-1中列出了光敏树脂在各方面的应用情况。其中，那些在光化学反应作用下，从液态转变成固态的树脂称之为光固化性树脂。它是由可光聚合的预聚合物(Pre-Polymer)或齐聚物(oligomer)、单体(monomer)以及光引发剂等为主要成分组成的混合物。齐聚物(oligomer)，如丙烯酸酯(acrylate)、环氧树脂(epoxy)等为光敏树脂的主要成份，它们决定了光固化产物的物理特性。

表 4 – 1　光敏树脂的应用分类

光反应分类	化学反应分类	树脂的种类	用途
光降解型	加成反应	叠氮化合物体系	制版材料光致抗蚀剂
	重排反应	石油脑—苯醌体系	
光交联型	螯合物交联	重铬酸体系	制版材料光致抗蚀剂
	二聚反应	聚乙烯肉桂酸酯体系	
光引发聚合型	自由基聚合反应	不饱和聚酯	木工涂装
		丙烯酸脂	印刷油墨 黏结剂 塑料用 纸面涂膜用
	自由基加成反应	硫醇/烯	
	阳离子聚合反应	环氧树脂	金属覆膜 焊料抗蚀剂 电器绝缘

　　因为齐聚物的黏度一般很高，所以要加入单体作为稀释剂以改善树脂整体的流动性，固化时单体也参与了分子链反应。光引发剂是能在光的照射下分解产生能引发聚合反应的活性种。有时为了提高树脂反应时的感光度，还要加入增感剂。增感剂吸收光后并不直接反应产生能引发聚合的活性中心，而是通过能量传递等方式作用于引发剂，从而扩大吸光波长带和吸收系数，从而提高光的效率。此外，体系中还要加入消泡剂、流平剂等助剂。

4.2　光固化反应原理

　　由低分子单体合成聚合物的反应称做聚合反应。例如，末端含有双键的有机物 $CH_2 = CHR$(也可称为乙烯基单体，其中 R 为非反应性官能团)在一定条件下双键中的 π 键断裂，分子间互相键合而成分子量巨大的高聚物，这就是一个较为典型的聚合反应。反应式为

$$H-\overset{\overset{\displaystyle H}{|}}{C}=C-H + H-\overset{\overset{\displaystyle H}{|}}{C}=C-H + \cdots \longrightarrow \cdots \overset{\overset{\displaystyle H}{|}}{\underset{\underset{\displaystyle H}{|}}{C}}-\overset{\overset{\displaystyle H}{|}}{\underset{\underset{\displaystyle R}{|}}{C}}-\overset{\overset{\displaystyle H}{|}}{\underset{\underset{\displaystyle H}{|}}{C}}-\overset{\overset{\displaystyle H}{|}}{\underset{\underset{\displaystyle R}{|}}{C}}-\cdots$$

带有两个官能团的单体发生聚合反应，得到的是线型大分子。在加聚反应

中，烯类的 π 键，或环状单体开环聚合时断裂的单键，都相当于两个官能团。在线型缩聚反应中，单体须有两个具有反应能力的官能团，如二元醇、二元酸、二元胺、二酰氯、二异氰酸酯等。当含有两个以上官能团的单体聚合时，则有可能发生交联反应，得到交联聚合物，这种聚合物可以看成是许多线型或支链型大分子由化学键连接而成的体型结构。这时，许多大分子键合成一个整体，已无单个大分子可言。对于交联程度深的体型结构，加热时不软化，也不易被溶剂所溶胀。

光固化可定义为在光辐射下使自由流动的液体转变为固体的反应。光固化反应一般所需的能量低，在常温下就可发生。

在光引发聚合反应中，光引发剂可能发生的主要反应有：分裂反应、氢提取反应、离子引发反应、光交联反应、三线态能量转移反应。根据引发机理的不同，光敏树脂发生的光固化反应有两类，即自由基引发聚合和阳离子引发聚合。

4.2.1 自由基光引发聚合机理

自由基光引发聚合反应由链引发反应、链增长反应和链终止反应等基元反应组成。链引发的自由基光引发剂有两大类，即以二苯酮为代表的双分子引发剂和以安息香双甲醚为代表的安息香醚类引发剂。

1. 引发反应

光引发剂 I 在一定波长的光的照射下吸收能量，其分子结构中的共价键，经过激发态 I^*（单线态或三线态）断裂，产生初级自由基 $I_A \cdot$ 和 $I_B \cdot$，初级自由基与单体加成，形成单体自由基。

$$I \xrightarrow{h_\nu} I^*$$
$$I^* \rightarrow I_A \cdot + I_B \cdot$$
$$I_A \cdot + M_B \cdot \rightarrow (I_A - M) \cdot$$

2. 增长反应

在链引发阶段产生的单体自由基仍具有活性，能与第二个单体分子反应产生新的自由基。新的自由基活性并不衰减，继续和其他单体分子结合成单元更多的链自由基，表现为不断增长，最后终止成大分子，使树脂固化。

$$(I_A - M) \cdot + M \rightarrow (I_A - M - M) \cdot$$
$$(I_A - M - M) \cdot + M \rightarrow (I_A - M - M - M) \cdot$$

3. 链终止反应

自由基不稳定，有相互作用而终止的倾向。终止反应有偶合终止和歧化终止两种方式。在连锁反应中，链增长和链终止是一对竞争反应。

按上述机理发生光聚合反应的自由基光敏树脂，最大的优点是具有很好的活性，固化速度很快，通过对配方的调整，可以获得不同的力学性能。其主要缺点是聚合时的收缩率大，从而产生内应力。此外，在聚合过程中表层还受氧的阻聚影响。

4.2.2　阳离子光引发聚合机理

阳离子光引发聚合的活性中心是阳离子，即引发剂在光的作用下先生成阳离子，阳离子再引发单体聚合。阳离子光引发剂(主要是二芳基碘鎓盐和三芳基硫鎓盐)分解出质子酸或路易斯酸，光解过程表示如下(以碘鎓盐为例)：

$$(Ar_2-I)^+X^- \xrightarrow{h_v} (Ar_2-I^+X^-)^*$$
$$(Ar_2-I^+X^-)^* \rightarrow (Ar-I)^+ \cdot X^- + Ar \cdot$$
$$(Ar-I)^+ \cdot X^- + RH \rightarrow (Ar-IH)^+X^- + R \cdot$$
$$(Ar-IH)^+X^- \rightarrow (Ar-I) + H^+X^-$$
$$2Ar \cdot \rightarrow Ar-Ar$$
$$Ar \cdot + RH \rightarrow (Ar_2-H)^+ + R \cdot$$

离子聚合中习惯使用"催化剂"一词，实际上所谓"催化剂"也参与了聚合反应，其碎片进入聚合体。阳离子聚合是通过 Lewis 酸和质子酸进行的。若产生质子酸，机理如下：

$$HX + M \rightarrow HM^+X^-$$
$$HM^+X^- + nM \rightarrow HM(Mn)^+X^-$$

阳离子聚合用齐聚物，最常用的是环氧树脂。在有质子酸存在时，环氧树脂可以发生开环聚合(见图 4-1)。

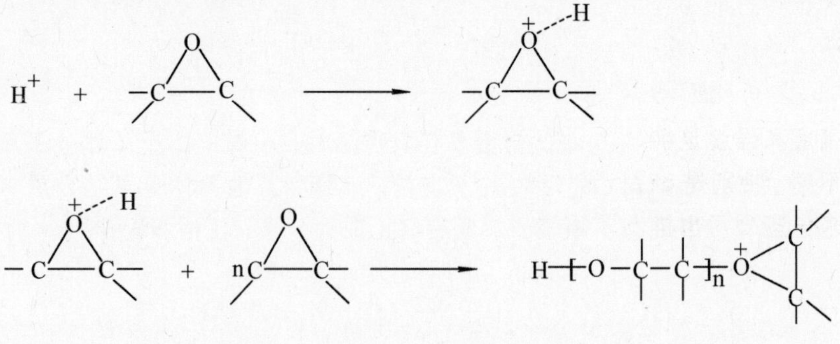

图 4-1　环氧树脂的阳离子固化反应

4.2.3 SL 用光敏树脂

SL 树脂虽然在主要成份上与一般的光固化树脂差不多。固化前类似于涂料，固化后与一般塑料类似，但由于 SL 成形工艺的独特性，使得它不同于普通的光固化树脂，有一些特殊的要求：

1. 对 355 nm 处的光有较高的吸收和响应速度

SL 成形一般都用紫外激光器，激光的能量集中能保证成形具有较高的精度，但激光的扫描速度很快，一般大于 1 m/s，所以光作用于树脂的时间极短，树脂只有对该波段的光有较大的吸收和高的响应速度，才能迅速固化。

2. 固化收缩小

快速成形最重要的是精度，和 SLS 成形一样，成形时的收缩不仅会降低制件的精度，更重要的是固化收缩还会导致零件的翘曲、变形、开裂等，严重时会使制件在成形过程中被刮板移动，使成形完全失败。所以用于 SLA 的树脂应尽量选用收缩率较低的材料。

3. 一次固化程度高

一次固化程度高可以减少后固化收缩，从而减少后固化时的变形，后固化过程中不可能保证各个方向和各个面所接受的光强度完全一样，这样的结果是制件产生整体的变形，严重影响制件的精度。

4. 固化产物溶胀小，耐溶剂性好

由于在成形过程中，固化产物浸润在液态树脂中，如果固化物发生溶胀，不仅会使制件失去强度，还会使固化部分发生肿胀，产生益出现象，严重影响精度。经成形后的制件表面有较多的未固化树脂需要用溶剂清洗，洗涤时希望只清除未固化部分，而对制件的表面不产生影响，所以希望固化物有较好的耐溶剂性能。

5. 固化产物的机械强度高

精度和强度是衡量快速成形件的两个最重要的指标，快速成形制件的强度普遍不高，特别是 SL 材料，韧性一般都较差，难以满足用于功能件的要求，但近年来一些公司也推出了韧性较好的材料。

6. 黏度低

SL 成形是一种分层制造技术，每固化完一层后，制件下降再辅上一层树脂，但由于液体表面张力的原因，树脂很难自动覆盖已固化的树脂表面，所以需要用刮板将树脂刮平，然后等一段时间，让树脂流平稳定后再开始扫描。树

脂的黏度越低越有利于流平，成形的速度也会得到相应的提高，同时还给设备中树脂的加料和清除带来便利。

7. 合适的透射深度

用于 SL 的树脂要有合适的透射深度，一般涂料的厚度只有几到十几个微米，而快速成形每层的厚度一般为 $100~\mu m$，所以相对来讲，SLA 要求的透射深度要远大于普通涂料，否则层与层之间会因固化不完全而黏结不好。但透射深度过大则会产生过固化，影响精度，所以，适中的透射深度是 SLA 光敏树脂的必要条件。

8. 良好的储存稳定性

用于 SL 的光固化树脂通常是注入树脂槽中而不再取出，以后随着不断的使用消耗，不断地往里补加，所以一般树脂的使用时间都很长，即要求树脂在通常情况下不会发生热聚合，对可见光也应有较高的稳定性，以保证在长时间的成形过程中树脂的性能稳定。

9. 低毒性

未来的快速成形可以在办公室中完成，因此对单体或预聚物的毒性及对大气的污染有严格要求。第一代 SLA 材料因毒性较大而使人们对 SLA 的前景感到失望，市场占有率一度下滑。

4.2.4 自由基光固化体系

自由基光固化树脂具有原材料来源广、价格低、光响应快、固化速度快等优点，因此最早的 SL 树脂都选用自由基光固化树脂，该树脂主要由光引发剂、预聚物、活性稀释剂等组成。

1. 自由基光引发剂

自由基光引发剂发展较早，品种也较多，但主要应用的有两种类型，一是安息香及其衍生物类，二是苯乙酮衍生物类。

安息香及衍生物是在烯类单体光聚合中应用最广的光引发剂，这是因为它们具有近紫外线吸收较高及光裂解产率高等特点。安息香最大的缺点是它在光聚合体系中易发生暗聚合，使储存稳定性下降。因此，目前更多的是用安息香的衍生物。苯乙酮衍生物常用的是二烷氧基苯乙酮，如二乙氧基苯乙酮，它是一种液体，最佳 UV 吸收范围是 $240\sim350~nm$，其光裂解过程存在两种不同途径。

二烷氧基苯乙酮的引发速率比安息香烷基醚要快，这可能是由于它们光解产生的烷氧基烷基自由基发生与自由基重结合反应相竞争的次级断裂，产生了高活性的烷基自由基的缘故。此外还有一些其他的引发剂如芳香酮类等。如表4-2为几种常用的自由基引发剂的结构及最佳紫外线吸收范围。

表 4-2　自由其光引发剂及最佳 UV 吸收范围

名称及结构	最佳 UV 吸收范围/nm	名称及结构	最佳 UV 吸收范围/nm
安息香甲醚	300～380	安息香异丙基醚	240～260
安息香二甲醚	340～350	1-羟基环己基苯甲酮	210～360
2,2-二乙氧基苯甲酮	225～300	2-羟基-2-甲基-1-苯基-1-丙酮	225～375

目前 SL 所用的激光器大多以 He-Cd 激光器为光源，紫外光的波长为 355 nm，所选择的引发剂的吸收情况要与之匹配，不仅要考虑引发效率和速度，光应时间及存放性，还要考虑与树脂的相溶性等。

2. 自由基预聚物

预聚物是光敏树脂中最重要的成分。材料的最终性能，如硬度、柔韧性、耐久性及黏附性等，在很大程度上与预聚物有关。光敏预聚物的分子量一般为 1000～5000，其分子链中应具有一个或多个可供进一步聚合的反应性基团。众所周知，光固化速率一般随着预聚物分子量、反应性基团(官能团)数目和黏度的增加而提高。但从使用角度看，往往又希望预聚物的粘度不要太高，以便减少活性稀释剂的用量。然而这样又可能导致光固化速率下降。因此，在制备光敏涂料时，各组分的优化组合和仔细的工艺试验是必不可少的。常用的光敏预聚物有环氧丙烯酸酯、不饱和聚酯、聚氨酯丙烯酸酯等。

1）环氧丙烯酸酯

环氧丙烯酸酯的结构如图4-2所示，它是我国目前应用较多的一种光敏预聚物。环氧树脂分子骨架结构赋予光敏涂料韧性、柔顺性、黏结性及化学稳定性等优良性能。

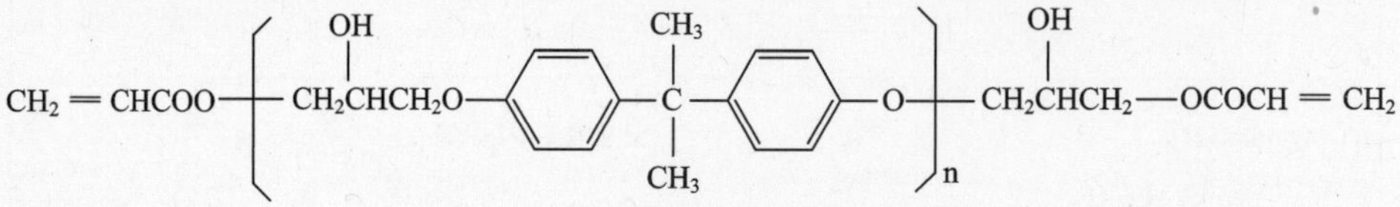

$$CH_2=CHCOO-CH_2CHCH_2O-\phi\text{-}C(CH_3)_2\text{-}\phi-O-CH_2CHCH_2-OCOCH=CH_2$$
（OH）

图4-2 环氧丙烯酸酯的结构式

2）不饱和聚酯树脂

不饱合聚酯的结构如图4-3所示不饱和聚酯是最早用作光敏涂料的预聚物，典型的不饱和聚酯是由1、2—丙二醇，邻苯二甲酸酐和顺丁烯二酸酐组成。

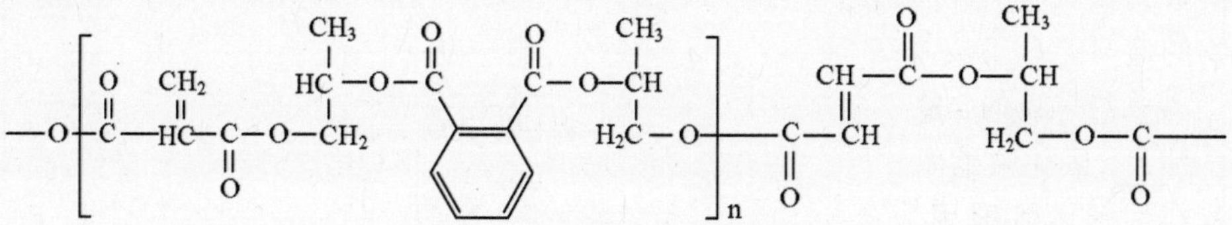

图4-3 不饱合聚酯树脂的结构

3）聚氨酯丙烯酸酯

聚氨酯丙烯酸酯的结构如图4-4所示。聚氨酯型光敏预聚物通常是由双或多异氰酸酯与不同结构和分子量的双或多羟基化台物反应生成端基为异氰酸酯基的中间化合物，再与含羟基的丙烯酸或甲基丙烯酸反应，获得带丙烯酸基的聚氨酯。聚氨酯丙烯酸酯的突出特点是坚韧而柔软。但由于极性大，分子间的作用力大，所以一般黏度较高，其光固化速度也比环氧丙烯酸酯类要低得多。

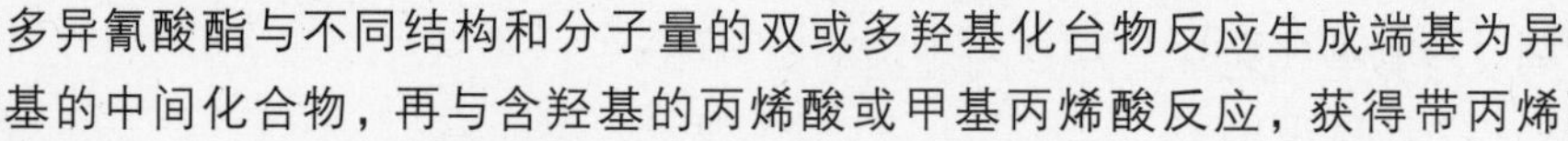

$$H_2C=CH-COCH_2CH_2O-CN-R-NHC-OROCNHR-NHCOCH_2CH_2OCCH=CH_2$$

图4-4 聚氨酯丙烯酸酯的结构

此外，还有一些其他的预聚物可用作光敏树脂。特别是一些经改性的环氧丙烯酸酯预聚物如乙氧—双酚A丙烯酸酯（如图4-5所示），因分子间作用力小，粘度较普通双酚 A 型要小得多。

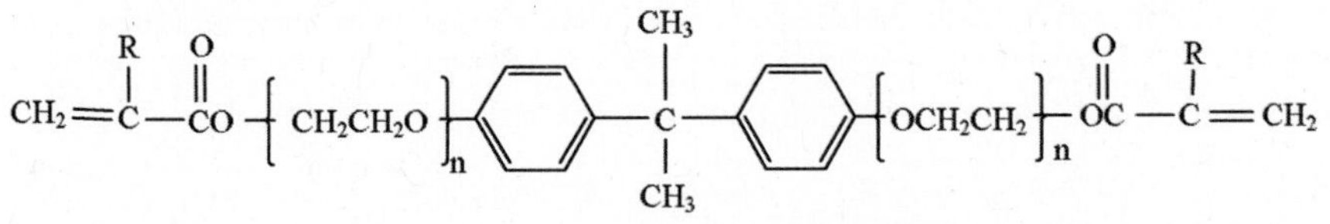

图 4-5 乙氧—双酚 A 丙烯酸酯的结构式

3. 稀释剂

光敏预聚物通常黏度较大，施工性能差，在实际应用中需要配以性能好的活性稀释剂(单体)，以便调节黏度。活性稀释剂在光固化前起溶剂作用，在聚合过程中起交联作用，尔后成为固化产物的组成部分，对固化物的硬度与柔顺性等有很大影响。

对活性稀释剂的选择要考虑它的光敏性，它对固化物性能的影响，均聚物的玻璃化温度，聚合时的收缩率、黏度、相对挥发性、气味与毒性，对光敏预聚物的溶解能力及成本高低等。

一些常见的、便宜的单体，如苯乙烯、丙烯酸甲酯、酯酸乙烯酯等，由于挥发性大，固化收缩率过大，现已很少使用。目前使用最多的是经改性的丙烯酸酯或甲基丙烯酸甲酯类稀释剂，按其所含丙烯酸酯官能团的多少可分为单、双、三和四官能度丙烯酸酯。

(1) 单丙烯酸酯类：丙烯酸羟乙酯、甲基丙烯酸羟乙酯、丙烯酸羟丙酯和丙烯酸异辛酯等。

(2) 双丙烯酸酯类：聚乙二醇(200)双丙烯酸酯、邻苯二甲酸二乙二醇二丙烯酸酯、丙氧基化新戊二醇双丙烯酸酯、三缩三丙二醇双丙烯酸酯等。

(3) 三丙烯酸酯类：三羟甲基丙烷三丙烯酸酯、乙氧基化三羟甲基丙烷三丙烯酸酯、季戊四醇三丙烯酸酯、丙氧基化甘油三丙烯酸酯等。

(4) 四丙烯酸酯类：季戊四醇四丙烯酸酯等。

此外，一种新型的光固化活性稀释剂乙烯基醚类也日益受到人们的注意。这类活性稀释剂的挥发性小，无异味，光固化速度快，黏度低。乙烯基醚单体含有富电子双键，烷氧基使正电荷离域在碳—氧两个原子上，易形成稳定的碳正离子，因而易于按阳离子历程聚合，聚合速度快，转化率高。乙烯基醚也可在自由基型光引发剂存在下引发聚合，但乙烯基醚自由基聚合活性较低。乙烯基醚可与丙烯酸酯类一起形成混合体系，这一体系综和了两者的特点，即具有良好的性能，可以配合使用种类繁多的丙烯酸酯，安全，固化速度快和不存在空气阻聚的问题等。

4.2.5 阳离子光固化体系

阳离子光固化较自由基光固化而言，发展晚了很多，但由于其出色的表现，逐渐在各行业中得到了应用。新一代的 SL 树脂也主要是以阳离子固化为主，阳离子光固化树脂体系也由引发剂(包括增感剂)和可阳离子固化的预聚物、单体组成。

1. 阳离子引发剂及增感剂

1) 阳离子光引发剂

阳离子光引发剂虽然发现较晚，但发展很快，也有了较多的品种，主要有重氮四氟硼酸盐、二芳基碘鎓盐(DIP)、三芳基硫鎓盐(TPS)、芳茂铁等。

重氮四氟硼酸盐是最早运用于阳离子光固化的引发剂，如图 4-6 所示。

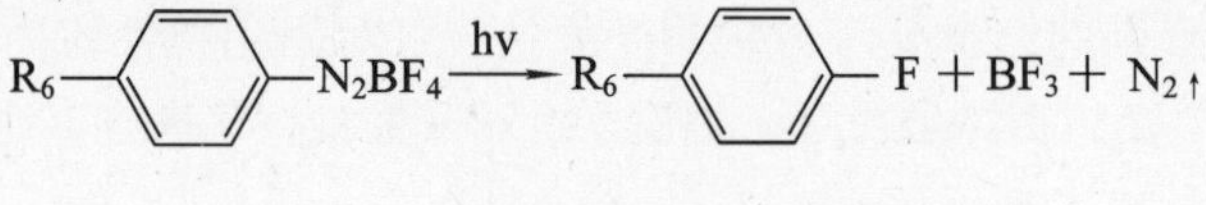

$$R_6 - \langle \rangle - N_2BF_4 \xrightarrow{h\nu} R_6 - \langle \rangle - F + BF_3 + N_2\uparrow$$

图 4-6　重氮四氟硼酸盐的分解式

因为重氮四氟硼酸盐加入环氧树脂中的适用期短，固化时有气体放出，所以并未得到大规模的运用。当碘鎓盐和硫鎓盐(结构如图 4-7 所示)被发现后才使有关阳离子光固化的工作真正开展起来。碘鎓盐和硫鎓盐是两种性能优良的阳离子光固化引发剂，它热稳定性高、适用期长，光分解迅速。其引发机理在前面已作介绍，鎓盐作引发剂，其固化速度的大小取决于负离子的活性，研究表明其活性大小为 $SbF_6^- > AsF_6^- > PF_6^- > BF_4^-$，而 $[B(PhF_5)_4]^-$ 的活性比 SbF_6^- 更强。

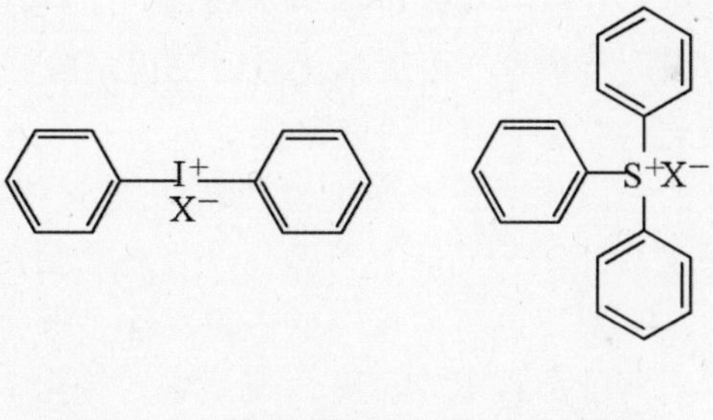

图 4-7　二苯基碘鎓盐和三苯基硫鎓盐

芳茂铁是继碘鎓盐和硫鎓盐之后发展起来的又一新型阳离子光引发剂(结构如图 4-8 所示)，该引发剂在近紫外线区有强烈的吸收，甚至延升到可见光区，但是它的颜色较深，对可见光的稳定性不好，固化速度对温度敏感，随温度的上升而迅速的增加。

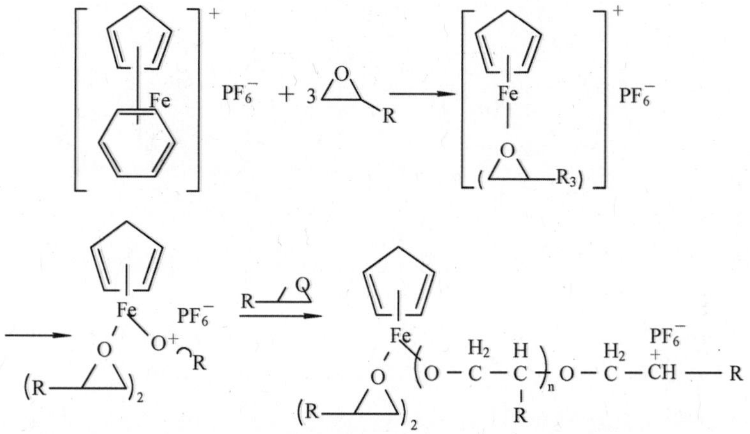

图4-8 芳茂铁引发阳离子光固化反应

2) 阳离子光固化的增感

二芳基碘鎓盐和硫鎓盐虽然有比较好的稳定性、外观和引发速度，但两种鎓盐的吸收波长一般都在200～300 nm之间，不能与SL用的激光器相匹配，所以要对碘鎓盐和硫鎓盐进行增感，以达到在355 nm附近的吸收。增感的方式可分为分子内增感和分子外增感两种。

分子外增感即是指加入光敏剂，这些光敏剂的作用就是把长波紫外光和可见光的能量吸收下来并有效地传递给光引发剂，使它发生光解，从而扩大体系的吸光范围和增加感光灵敏度。二芳基碘鎓盐特别容易被增感，大量的稠环芳香烃、二芳基酮、染料都是其很好的光敏剂，一些自由基引发剂如安息香及其衍生物也是很好的光敏剂。一些染料具有很高的光敏性，甚至可将吸收光区扩大到可见光，如吖啶橙、吖啶黄、苯丙黄素等。

光敏剂对硫鎓盐的增感效果就比碘鎓要差许多，但它也可被稠环芳烃所增感。增感的机理有能量转移机理和电子转移机理，但这两种鎓盐的增感机理似乎都是以电子转移机理为主。

分子内增感发生的是分子间的反应，只有被光激发的光敏剂与引发剂发生碰撞时，敏化才会发生，因此量子效率低。为此，人们开始着手通过改变鎓盐的结构或将光敏剂接入到引发剂中得到分子内增感的光引发剂，使光的利用效率大大提高，如BDS(结构式如图4-9所示)可将吸收光区扩大至360 nm，固化速度较分子内增感高近 10 倍。

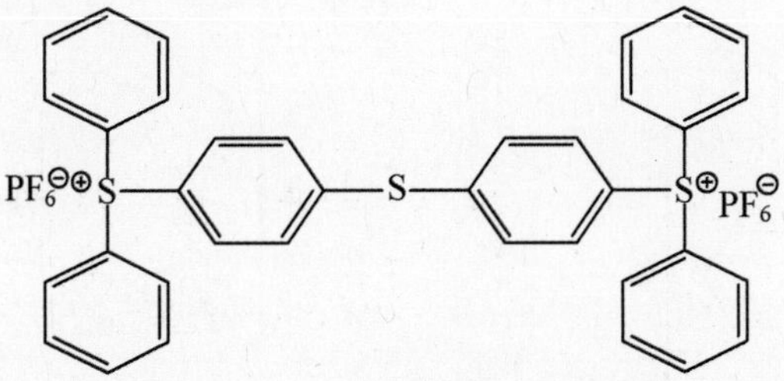

图 4-9 BDS 的结构式

2. 阳离子光固化树脂

能进行阳离子光固化的树脂主要是环氧树脂，环氧树脂的主要类型有：

（1）缩水甘油醚型环氧树脂：这是目前运用最广，产量最大的环氧树脂，其中尤以双酚 A 环氧树脂和酚醛环氧树脂为最。它们的优点是具有良好的耐热性、耐化学腐蚀性、价格便宜且具有很好的力学性能，缺点是它本身黏度太大，固化产物脆性大，而且光固化速度很慢。

（2）缩水甘油酯型环氧树脂：如对苯二甲酸缩水甘油酯，它的特点是黏度低，与固化剂配合时的反应速度快，但光固化的速度慢，其基本力学性能与双酚 A 相似。

（3）脂环族环氧树脂：它的优点是光固化速度快、黏度低，可以有效地降低整个光固化体系的黏度，增加流平性，这使得它在激光快速成形系统中应用前景看好。其缺点是固化物力学性能较差。

（4）脂肪族环氧化合物：这类环氧树脂的优点是固化快、黏度低，可以充当稀释剂使用，但其固化的收缩也大。

影响阳离子光固化速率的因素有引发剂的阳离子、阴离子部分结构，增感剂种类以及环氧树脂的结构等，各种环氧树脂及环氧化合物光固化速度比较见表 4-3。由表 4-3 可知，不同环氧树脂及环氧化合物的固化速度有着重要的差别，为提高固化速度，SL 光固化树脂应选择固化速度较快的脂环族环氧树脂。

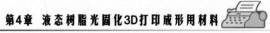

表 4-3　各种环氧树脂及环氧化合物光固化速度

环氧树脂及环氧化合物	触指干度时间			
	光敏剂 DIP 用量/%(摩尔分数)		光敏剂 TPS 用量/%(摩尔分数)	
	0.5	1	05	1
(结构式) —(CH₂)₄— 双环氧	3	1	1	1
(结构式) 环己烷环氧—O—O—CH₂—环己烷环氧	15	2	1	1
(结构式) 环己烷环氧—O—O—(CH₂)₄—O—O—环己烷环氧	>60	17	7	4
(结构式) 环己烷环氧(CH₃)—O—O—(CH₂)₄—O—O—环己烷环氧(H₃C)	>60	60	>60	10
(结构式) 环氧—O—(CH₂)₄—O—环氧	>60	>60	>60	>60
(结构式) 环氧—O—苯基—C—苯基—O—环氧 环氧当量175 g/mol	>60	40	>60	>60
(结构式) 环氧—O—苯基—C—苯基—O—环氧 环氧当量189 g/mol	60	35	>60	>60

4.2.6 混杂光固化体系

如前所述，自由基光固化体系虽然成本低，固化速度快，但固化收缩大，表层易受氧的阻聚而固化不充分；而阳离子固化体系虽然体积收缩小，但成本高，固化速度慢，固化深度不够。为解决这些问题，清华大学、西安交通大学都相继报道了利用混杂光固化体系来实现两者的互补，取得了一定的效果。

随着社会的发展和现代科技的进步，快速成形技术得到了越来越广泛的应用。为了满足不同需要，对树脂的要求也随之提高。目前，关于光固化树脂的研究也取得了一些进展，研制开发出了一些高性能树脂。例如，利用丙烯酸单体和不饱和聚酯制备出的具有互穿网络结构的高分子合金；将羟基氟化物(Hydroxyflourones)和呫吨(Xanthenes)等两种物质引入到光固化体系的配方中，制得新型光敏树脂，该树脂光固化后，得到的模型可以应用于汽车工业、玻璃工业及医疗设备中；还有人将陶瓷粉末加入到用于 UV 固化的液体中，同样可以获得光固化制件。

4.3 3D 打印制造用材料的发展趋势

4.3.1 3D 打印原型及快速制模材料

随着 3D 打印技术的快速发展，各种新的成形工艺不断出现，对原型的制造已不成问题。但与传统加工的零件相比，在强度、精度，耐温性等方面仍有一定的差距，这些都是今后要解决的问题。归纳起来，目前 3D 打印制造用材料的发展趋势如下：

(1) 开发强度更高，精度更好的成形材料。虽然现在增材制造技术已能够制造出强度和精度较高的原型件，却不能与传统机加工相比。成形材料的品种也不够，今后的趋势是将成形材料系列化，以适应不同的要求。

(2) 3D 打印已由原型制造向快速模具制造方向发展。因此，开发出适用于现代工艺的快速制模材料，或开发新的快速制模材料和工艺已成为各 3D 打印成形公司的重要发展方向。

(3) 随着增材制造技术不断渗透入各个行业，开发适于不同行业的特殊的功能材料是今后发展的必然趋势，如适用于生物的组织工程材料等。

4.3.2 组织工程材料

组织工程材料是与生命体相容、能够参与生命体代谢，在一定时间内逐渐降解的特种材料。采用这种材料制成细胞载体框架结构，这种结构能够创造一种微环境，以利细胞的黏附、增殖和功能发挥。它是一种极其复杂的非均质多孔结构，是一种充满生机的蛋白和细胞活动、繁衍的环境。在新的组织、器官生长完毕后，组织工程材料随代谢而降解、消失。在细胞载体框架结构支撑下生长的新器官完全是天然器官。因此组织工程材料及各种器官的制造都是医学界、工程界研究的热点。

人体器官的制造包含数据提取、非均质结构几何描述、基于数字图像的成形等环节。相对于机械零件的制造而言，人体器官的制造是一种绝对个性化的制造。因为患病个体同时损坏相同的器官，而且这些器官的几何尺寸又完全一致的可能性是很小的。由于救治患者的急迫性，对制造技术提出了快速和柔性要求。传统的加工方法无论是刀具切削、激光切割、注射成形还是模具成形均不能很好地胜任。因此，这种根据离散/堆积成形原理的3D打印技术具有不可比拟的优势。由3D打印成形原理可知，3D打印制造可以完成任意复杂拓扑关系的几何形体，不受"零件"复杂程度的限制。由于取消了一切专用工具，制造过程获得了最大的柔性和快速性，因此有着广阔的前景。

组织工程材料的种类很多，常用的有聚乳酸、羟基磷灰石等，还有很多人工合成材料。无毒、可降解、人体相容性好的材料都可作为组织工程材料。可以用于组织工程材料成形的3D打印方法有SL、SLS和FDM，国内外一些大学都相继开展了这方面的研究，如清华大学等。下面以人工骨骼的快速成形为例说明组织工程材料3D打印成形的步骤：

（1）利用CT扫描获得骨骼的断层数据，包括骨骼外腔和骨骼内腔的数据。

（2）用骨骼的外腔数据，在快速成形机上制出骨骼外腔模具。再利用骨骼内腔数据，经过人工骨的仿生CAD建模技术的加工处理，建立内孔模型，在快速成形机上采用一种组织工程材料制造出人工骨骼内孔三维骨架。

（3）在骨骼外腔模具内适当位置放置骨骼内孔三维骨架，空隙处填充浆状自凝固羟基磷灰和一些生长促进剂等，成形后去除外腔模具，得到生物活性骨骼。

以上只是利用3D打印技术制作人工骨骼的一种方法，对于不同的材料和不同的3D打印成形技术，其成形方法也是不一样的，即便是同样的材料，同样设备其成形方法也可能有区别。因此，3D打印技术的发展为组织材料的成形提供了更广的选择余地。

第5章　3D打印技术中的数据处理

　　三维 CAD 系统所表现的三维模型，有线框模型、面模型和实体模型。线框模型是用空间的棱线和顶点构成的三维模型。面模型是由多个线框围成的面拼合成的立体空心模型，即模型表面内是没有数据的。而实体模型是包括模型的内部和表面都有数据的实心模型。对于增材制造系统，需要接受 STL 格式的数据模型。所谓 STL 格式模型，是一种用大量的三角面片逼近曲面来表现三维模型的数据格式，是目前大多数增材制造系统使用的一种标准格式。

5.1　STL 文件

　　STL(STereo Lithography)文件是美国 3D Systems 公司提出的一种三维数字模型，是 CAD 文档与增材制造系统之间进行数据交换的格式，由于它格式简单，对三维模型数字建模方法无特定要求，因而得到广泛的应用，目前在世界范围内已成为各种增材制造系统中事实上(defacto)的标准数据输入格式。所有的增材制造系统都能接受 STL 文件进行工作，而几乎所有的三维 CAD 软件都能把三维数字模型从自己专有的文件格式中导出并生成为 STL 文件。

5.1.1　STL 模型的表示方法

　　STL 文件格式最重要的特点是它的简单性。它不依赖于任何一种三维建模方式，存储的是三维模型表面的离散化三角形面片信息，并且对这些三角形面片的存储顺序无任何要求。如图 5-1 所示，STL 模型的精度直接取决于离散化时三角形的数目。一般而言，在 CAD 系统中输出 STL 文件时，设置的精度越高，STL 模型的三角形数目越多，文件就越大。

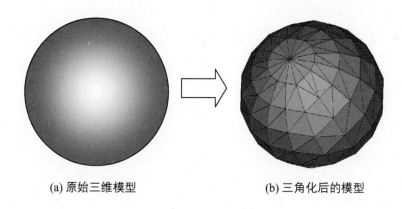

(a) 原始三维模型   (b) 三角化后的模型

图 5-1 三维模型的三角化处理

5.1.2 STL 文件的存储格式

STL 文件有两种格式，即二进制和文本格式。二进制 STL 文件将三角形面片数据的三个顶点坐标(x, y, z)和外法矢(lx, ly, lz)均以 32 比特的单精度浮点数(IEEE 754 标准)存储，每个面片占用 50 字节的存储空间。而 STL 文本格式文件则将数据以数字字符串的形式存储，并且中间用关键词分隔开来，平均一个面片需要 150 字节的存储空间，是二进制的三倍。

STL 文件的二进制格式如下：

偏移地址	长度(字节)	类型	描述
0	80	字符型	文件头信息
80	4	无符号长整数	模型面片数

第一个面的定义：

法向向量

84	4	浮点数	法向的 x 分量
88	4	浮点数	法向的 y 分量
92	4	浮点数	法向的 z 分量

第一点的坐标

96	4	浮点数	x 分量
100	4	浮点数	y 分量
104	4	浮点数	z 分量

第二点的坐标 ……

第三点的坐标 ……

第二个面的定义

⋮

STL 文件的文本格式如下：

solid ＜part name＞　（实体名称）

  facet　　　　　　　（第一个面片信息开始）

    normal ＜float＞＜float＞＜float＞（第一个面的法向矢量）

    outer loop

      vertex ＜float＞＜float＞＜float＞（第一个面的第一点的坐标）

      vertex ＜float＞＜float＞＜float＞（第一个面的第二点的坐标）

      vertex ＜float＞＜float＞＜float＞（第一个面的第三点的坐标）

    endloop

  endfacet　（第一个面片信息结束）

  ⋮　（其他面片的信息）

endsolid＜part name＞

一个简单的文本格式 STL 文件内容如下所示：

solidXXX

  facet normal ＋1.950524e－001 －9.805961e－001 ＋1.964489e－002

    outer loop

      vertex ＋6.173165e＋000 ＋1.923880e＋001 ＋9.848071e＋000

      vertex ＋6.837070e＋000 ＋1.939693e＋001 ＋1.114948e＋001

      vertex ＋1.000000e＋001 ＋2.000000e＋001 ＋9.848071e＋000

    endloop

  endfacet

  facet normal ＋1.473414e－001 －9.842197e－001 －9.799081e－002

    outer loop

      vertex ＋7.576808e＋000 ＋1.939693e＋001 ＋1.226177e＋001

      vertex ＋1.000000e＋001 ＋2.000000e＋001 ＋9.848071e＋000

由上述两种格式可看出，二进制和文本格式的 STL 文件存储的信息基本上是完全相同的，只是其中二进制 STL 文件中为每个面片保留了一个 16 位整型数属性字，一般规定为"0"，没有特别含义，而文本格式 STL 文件则可以描述实体名称（solid ＜part name＞），但一般增材制造系统均忽略该信息。

文本格式主要是为了满足人机交互友好性的要求，它可以让用户通过任何一种文本编辑器来阅读和修改模型数据，但在 STL 模型动辄包含数十万个三角形面片的今天，已经没有什么实际意义，显示和编辑 STL 文件通过专门的三维可视化 STL 工具软件更加合适。文本格式的另一个优点是它的跨平台性能很好，二进制文件在表达多字节数据时在不同的平台上有潜在的字节顺序问题，但只要 STL 处理软件严格地遵循 STL 文件规范，完全可以避免这个问题的发生。由于二进制 STL 文件只有相应文本 STL 文件的 1/3 大小，因此现在主要应用的是二进制 STL 文件。

5.1.3　STL 格式的优缺点及其改进格式

STL 文件能成为 RP 领域事实上标准格式的原因主要在于它具有如下优点：

（1）格式简单。STL 文件仅仅只存放 CAD 模型表面的离散三角形面片信息，并且对这些三角形面片的存储顺序不作要求，从"语法"的角度来看，STL 文件只有一种构成元素，那就是三角形面片。三角形面片由其三个顶点和外法矢构成，不涉及到复杂的数据结构，表述上也没有二义性，因而 STL 文件的读写都非常简单。

（2）与 CAD 建模方法无关。在当前的商用 CAD 造型系统中，主要存在特征表示法（Feature Representation），构造实体几何法（Constructive Solid Geometry，CSG）、边界表示法（Boundary Representation，B-rep）等主要形体表示方法，以及参量表示法（Parametric Representation）、单元表示法（Cell Representation）等辅助形体表示方法。当前的商用 CAD 软件系统一般根据应用的要求和计算机技术条件采用上述几种表示的混合方式，其模型的内部表示格式都非常复杂，但无论 CAD 系统采用何种表示方法及何种内部数据结构，它表达的三维模型表面都可以离散成三角形面片并输出 STL 文件。

但 STL 文件的缺点也是很明显的，主要有如下几点：

（1）数据冗余，文件庞大。高精度的 STL 文件比原始 CAD 数据文件大许多倍，具有大量数据冗余，在网络传输效率很低。

（2）使用小三角形平面来近似三维曲面，存在曲面误差。由于各系统网格化算法不同，误差产生的原因与趋势也各不一样，要想减少误差一般只能采用通过增大 STL 文件精度等级的方法，这会导致文件长度增加，结构更加庞大。

（3）缺乏拓扑信息，容易产生错误，切片算法复杂。由于各种 CAD 系统的 STL 转换器不尽相同，在生成 STL 文件时，容易产生多种错误，诊断规则复杂，并且修复非常困难，增加了快速成形加工的技术难度与制造成本。由于 STL 文件本身并不显式包含三维模型的拓扑信息，3D 打印软件在处理 STL 文件时需要花费很长时间来重构模型拓扑结构，然后才能进行离散分层制造，处理超大型 STL 文件在系统时间和空间资源上都提出了非常高的要求，增加了软件开发的技术难度与成本。

总的来说,STL 的缺点主要集中在文件尺寸大和缺乏拓扑信息上,3D 打印技术领域中的模型精度问题可以通过增加 STL 文件三角形面片数目(即增加文件尺寸)的方法来解决。现在已经出现了多种可以替代 STL 文件的接口格式,如 IGES、HP/GL、STEP、RPI、CLI、SLC 等,但这些格式目前并没有一种能在 3D 打印技术领域得到广泛应用。STL 能成为 3D 打印技术领域事实上的标准,除了历史原因外,其格式简单性和 CAD 建模方法无关性也是非常重要的关键因素。如果要开发一种新的快速成形数据接口格式,不能不考虑到 STL 的优点和影响力,必须符合以下条件:

(1) 与 STL 文件"兼容",由于新的接口格式不可能立刻被广大 CAD 和 3D 打印系统所接受,因此新的格式最好能与 STL 格式具有双向互换性,即能在不损失信息的基础上将新的格式转换为 STL 文件,或者反之。

(2) 与 STL 文件相比,能显著减少文件尺寸,并且具有一定的模型拓扑信息,易于 3D 打印软件重构模型拓扑结构。

(3) 格式最好比较简单,并且与 CAD 造型方法无关,否则这种格式将很难被广泛接受。

PowerRP 支持一种改进的接口格式 CS(Compressed STL),它较好地满足了上述要求,其文件尺寸不到相应二进制 STL 文件的 1/4,并且具有了一定的拓扑结构信息,易于重构模型的拓扑结构。最重要的一点是,它完全满足上述的"兼容性"要求,能和 STL 文件进行信息无损的双向转换,能够在 3D 打印技术领域得到一定程度的利用。

5.2 3D 打印的数据处理流程

目前所有的 3D 打印技术都采用分层制造的原理,分层制造就首先要对三维数字模型进行分层离散化,称之为切片处理。因而 3D 打印的数据处理软件都遵循一个如图 5-2 所示的处理流程,它可分成两个主要部分:各层切片截面二维数据的生成和加工路径的生成。

截面二维数据即实体模型的切片轮廓,它是 3D 打印数据处理流程的核心,任何一种来源的实体模型都要转换为二维切片轮廓才可能进行分层实体制造,而不同的 3D 打印技术将把二维层面数据转换为不同的加工路径,然后才可以驱动 3D 打印设备进行制造。下文将分别叙述切片方法和路径生成。

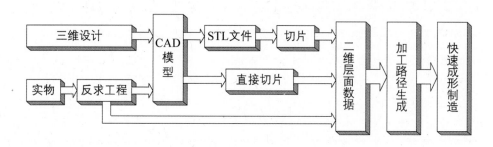

图 5-2 3D打印技术的数据处理流程

5.2.1 三维模型的截面二维数据生成

截面二维数据(即切片数据)是 3D 打印技术的基础,它可以通过如下三种途径获得。

1. 基于 STL 格式的切片

虽然目前有多种文件格式能够充当 CAD 与 3D 打印系统之间接口界面,但如前文所述,STL 格式由于其简单性和 CAD 建模方法无关性而成为 3D 打印技术领域事实上的标准,得到绝大多数 3D 打印和 CAD 厂商的支持,基于 STL 文件的切片技术成为 3D 打印技术所需的切片数据的主要来源。STL 文件切片算法主要可分为两种类型:基于模型拓扑信息的切片算法和基于模型层间连续性的快速分层算法。

基于模型拓扑信息的切片算法首先重构模型的拓扑信息,使 STL 模型中的各个三角形面片在逻辑上联结起来,然后通过依次追踪与给定切平面相交的相邻三角形面片的方法来快速获得切片轮廓。它的优点是一旦建立好了拓扑模型,切任意高度的切片的时间复杂度都是 $O(F)$(F 为模型面片数),速度很快,可以达到实时切片。这个特征对于 LOM 类型的快速成形制造是非常有意义的,LOM 系统中由于片材在黏结后 Z 轴方向尺寸增加量并不是一个可预知的常量,需要实时测高来保证精度,相应地,切片 Z 轴方向增长量也会随之变化,而不是一个固定的层厚,因而必须进行实时切片。

基于模型层间连续性的快速分层算法首先建立 STL 模型的分层面新相交三角形面片表,提取模型的活性拓扑结构,再利用相邻层之间的连续性,用增量式求解分层轮廓线的方式代替层间独立的求解方式来连续获得各层的切片轮廓,其原理类似于计算机图形学中经典的活性边表轮廓填充算法,效率较高。这种方法的优点是占用的内存量与 STL 模型面片总数的多少基本无关,有利于处理较大的 STL 文件,但算法中切片层厚是预先设置好的,只能进行离线切片，无法完成对任意层高的实时切片处理，因而应用领域受到限制。

2. 直接切片（Direct Slicing）

直接切片是指直接从 CAD 三维模型上得到切片二维数据，由于不经过曲面的三角化过程，一般认为它可减少 $X-Y$ 平面误差。国际上有不少学者开发出了直接切片技术，例如，英国的 Ron Jamieson 和 Herbert Hacker 在 UG 的实体造型内核 Parasolid（B - rep 表示的实体建模器）上进行了直接切片研究，并将切片描述数据转换成 CLI、HPGL 和 SLC 文件。Guduri 等在 CSG（Constructive Solid Geometry）表示上进行了直接切片研究，可以提供准确的激光扫描路径。Vuyyuru 等在 I - DEAS 造型软件基础上得到以 NURBS 曲线（Non-Uniform Rational B-Spline）表示的直接切片轮廓。德国一个软件公司推出的 CENIT 软件能直接从 CATIA 软件环境下对三维模型切片，得到线段、弧与曲线综合表示的轮廓，并对曲线系列排序，转换成正确的切片格式。

直接切片技术的应用具有一定的局限性，这主要是由于在 CAD 系统和 3D 打印系统之间缺乏一种被广泛接受的截面二维数据的信息接口方式造成的。如果一种 3D 打印系统需要通过直接切片技术接受所有种类的 CAD 模型数据，它必须为每一种 CAD 系统都单独开发一套直接切片软件接口，并且由于各种 CAD 系统的造型方法和数据表示方式都互不相同，开发将十分复杂。目前多数直接切片引擎都是在特定 CAD 平台上二次开发而来的。对于 3D 打印系统而言，支持直接切片必须购买相应 CAD 系统，将大幅度提高系统成本。因此直接切片技术一般只用于满足某些特定需求之用。

3. 由逆向工程直接获得加工路径

通过逆向工程（Reverse Engineering）获取描述模型的数据云，可以不将其重构为 CAD 模型，而直接转换为截面二维数据进行快速成形加工，这种方式适应了某些特定领域的需要。

很多 3D 打印方式（如 SL，SLS）的切片层厚是可以变化的，由此产生了一种自适应切片（Adaptive Slicing）技术，如图 5 - 3 所示。自适应切片根据制件的几何特征来决定切片的层厚，在轮廓变化频繁的地方采用小厚度切片，在轮廓变化平缓的地方采用大厚度切片。与统一层厚切片方法比较，自适应切片可以减小制件在 Z 轴方向的误差、阶梯效应、制件时间与数据文件尺寸。也有一些研究人员综合直接切片和自适应切片技术，试图同时减小 Z 轴和 $X-Y$ 平面方向的误差。自适应切片是一种优化的切片层厚选择策略，它在保证制件精度的前提下可以减少加工量，提高了计算和加工效率。

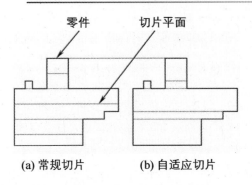

图 5 - 3 自适应切片示例

5.2.2 STL 文件的切片技术

基于 STL 文件的切片是目前 3D 打印技术领域的主要切片数据来源，STL 文件的切片算法很多，本节介绍 PowerRP 软件所采用的快速容错算法，它基于模型拓扑信息，采用遍历与切平面相交的所有三角形的方法来获得切片轮廓，其的基本算法如下：

(1) 建立 STL 模型的拓扑信息，即建立三角形面片的邻接边表，从而对每一个三角形面片，都能立刻找到和它邻接的三个三角形面片。

(2) 根据切片的 Z 值首先找到一个与切平面相交的三角形 $F1$，算出交点的坐标值，再据拓邻接边表找到相邻三角形面片并求出交点，依次追踪下去，直至最终回到 $F1$，从而得到一条封闭的有向轮廓环。

(3) 重复步骤(2)，直至遍历完所有与 Z 平面相交的三角形面片。如此生成的轮廓环集合即为切片轮廓。

为了保证切片算法在遇到 STL 文件错误的时候仍然能切出正确或接近正确的轮廓出来，首先需要设法保留原 STL 文件的全部信息，特别是关于错误的信息，因为这类信息在模型拓扑重构时往往被忽略了。对于裂缝而言，即需要建立裂缝的边界轮廓环模型，它由裂缝处的三角形面片中没有邻接三角形的边组成，遍历该轮廓环即可依次找到该裂缝上的所有边。该轮廓环可在 STL 拓扑信息重构后通过如下方法建立：

(1) 在三角形面片邻接边表找出所有孤边，即没有相应邻接三角形的边，对各边分别记录下它的两端点坐标和所属三角形等信息，构成孤边表。

(2) 在孤边表中取出一条边，把它放到新建的裂缝轮廓环数组中，然后再在孤边表中搜索首端点与裂缝轮廓尾端点相连的边，也将它移到裂缝轮廓环数组中，反复搜索直至该裂缝轮廓闭合为止。由此形成一个裂缝的轮廓环模型，然后建立它的各边与邻接边表之间的双向索引。

(3) 重复步骤(2),直至所有孤边都处理完毕。

建立了裂缝模型后,切片时遇到裂缝就不必强行中止了,而可以采用裂片跟踪技术将切片进程继续下去。如图 5-4 所示,在上文所述的切片算法步骤(2)中的切片轮廓追踪过程中,若遇到裂缝轮廓上的某一边,由于该边在邻接边表上没有相应的邻接边,将无法继续追踪下去,但根据该孤边到裂缝轮廓环模型的索引,就可以找到它所在的裂缝轮廓环,并在该轮廓环上继续跟踪下去,直至找到该轮廓环与切平面相交的另一条孤边,即可计算该孤边与切平面的交点并加到切片轮廓数组中,然后又可以由该孤边到邻接边表的索引追踪到正常的模型表面上,继续进行步骤(2)的切片进程,直至轮廓闭合。

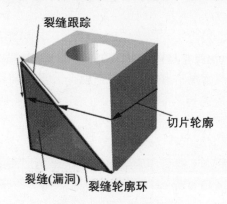

图 5-4　裂缝跟踪技术

随着 3D 打印技术的逐渐普及,客户提交加工的 STL 文件也越来越多样化,采用的造形系统和造形方法都各有不同,其中有一些模型根本不符合加工规范,主要是构成模型的各个曲面之间没有完全连接在一起,而是存在一个微小尺寸的缝隙,反映在 STL 文件上就是存在贯穿模型全局的裂缝,即各曲面之间仍然是分离的,没有形成一个闭合表面。对这种模型,如果直接采用裂缝跟踪方法将会失效,因为裂缝是贯穿全局的,沿裂缝跟踪将到达曲面的另一边,而不是与该曲面相邻的另一个曲面。这时最有效的方法就是保留轮廓片断,在二维层次上进行修整。具体的方法如下:

在裂缝跟踪生成轮廓环时,对由裂缝跟踪生成的轮廓点作特殊标记,待所有的切片轮廓环都生成完毕后,再将所有裂缝跟踪生成的轮廓线段两端点间的距离及端点处的切线矢量夹角分别与预定门限值进行比较,如果超出,则说明该裂缝跟踪可能是错误的,这时需要将该裂缝跟踪线段删除,将原轮廓环拆分成数个轮廓片断。然后将整个切片轮廓中的所有片断 C_1, C_2, $\cdots$, C_n 集中起来,依次计算任意两个片断 C_i, C_j $(i \neq j)$ 之间不同端点间的联结度评价函数,按联结度高的两片断应联结在一起的原则再对轮廓片断重新组合，联结度评价函数根据实体模型的特征不同可有多种不同的形式，一般应遵循以下原则：

（1）不自交原则：若两片断联结在一起生成自交环，则联结度为0。

（2）距离原则：一般情况下，两片断端点间距离小则联结度大，因为该处通常对应于实体模型裂缝。

（3）切矢原则：两片断端点间切线矢量夹角小则联结度大。

由于通过裂缝跟踪，绝大多数断裂轮廓已经被正确联结，剩下的数目比较少，并且一般是被上文所述的全局细微裂缝所分隔，十分容易识别，因此其评价函数比较容易实现，可作出一个基本适用所有的实体类型的评价函数，实现了完全自动化容错切片。

为保证切片轮廓接近原始正确轮廓，当两片断端点间距较大时，不宜直接用一条直线连接，而应根据两不封闭线端点间距、切线矢量夹角等参数来中间内插1～3个顶点。经过上述二维层次上的修整，即可生成最终的切片轮廓。

5.2.3 切片轮廓的偏置算法

切片轮廓的偏置算法也是3D打印数据处理中的一个重要环节，绝大多数3D打印方式都需要将切片轮廓进行偏置后再进行下一步的处理。轮廓偏置对保证最终制件的尺寸精度具有非常重要的意义，SL和SLS成形技术需要将扫描轨迹轮廓向内偏置一个激光光斑半径的宽度（因为SLS的激光照射区域将烧结为制件实体），SLA和FDM则与SLS基本类似。这与一般数控加工系统的刀具半径偏置有一定的相似性，但快速成形系统的切片轮廓与一般数控机床的刀具加工轨迹有着明显差异：

（1）快速成形系统在分层制造时，对于球体、圆锥等形状会依次生成由接近一个点的小轮廓到最大的轮廓之间的各个切片，其中，小尺寸（小于激光光斑半径）的内轮廓环是无法加工到的，需要删除。

（2）快速成形系统一般使用STL文件作为模型接口文件格式，它描述的是模型表面的三角形逼近，其切片轮廓为一系列由折线段组成的轮廓环，其中会包括大量不规则的凹部细节，这些凹部细节在尺度上与激光光斑半径（约0.1 mm）相比，也是非常小的。由反求工程生成的STL文件的切片轮廓在这方面表现得尤为明显，对这些轮廓若按常规的数控刀具半径偏置算法来处理，就会出现剧烈的过量刀补现象，产生不可接受的轮廓失真，如图5-5中的轮廓补偿轮

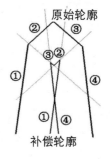

图5-5 过量刀补失真

廓线段②和③。

理想的轮廓偏置算法可以用物理模拟的方法实现：用一个指定半径的刚性小圆圈在待偏置的刚性轮廓一侧作物理滚动，则小圆圈圆心的运动轨迹就是偏置后的轮廓，由于小圆圈始终紧贴着轮廓滚动，并且不会陷入小于圆圈直径的凹部细节之中，因此这个方法可以保证偏置轮廓与原始轮廓的绝对一致性，对任何形状的轮廓都不会产生大于圆圈半径的偏差。用它实现的完备算法可自动排除极小的轮廓环及不可能达到的轮廓凹部细节，对于轮廓偏置后可能会出现干涉的情况它也能识别出来并自动合并或分割产生新的轮廓环。但小圆圈每滚动一步，就要与轮廓上所有线段作碰撞检测，也就是说，它的算法时间复杂度是 $O(n^2)$ 级的(n 为轮廓顶点数目)，对于快速成形系统的切片轮廓来说，复杂轮廓可含有数万个顶点，使用这种物理模拟方法速度将极慢，达不到实用化要求。

在 PowerRP 中使用了一种新的半径偏置算法，它可以与"刚性小圆圈法"一样保证偏置轮廓与原始轮廓的一致性，同时效率相当高，其算法原理如下：

(1) 首先对原始轮廓进行修整，剔除激光光斑不可能达到的凹部细节轮廓，再对修整过的轮廓进行传统的刀具半径偏置，这样就不会出现过量刀补现象。

(2) 判断对一个轮廓线段偏置后线段是否正确的判据在于：正确的偏置后线段的方向与原始轮廓线段方向应该是相同的(如图 5-5 中的原始轮廓与补偿轮廓线段①、④)。若相反，则说明该段轮廓属于激光光斑不可能达到的凹部细节轮廓(如图 5-5 中的补偿轮廓线段②、③)，应该被剔除。

一般的轮廓偏置算法在判断轮廓环偏置方向上的处理方法比较复杂，需要经过如下几个步骤：

(1) 识别内外轮廓，可采用射线法，通过在轮廓环上一点作射线，判断它与其他轮廓环交点的奇偶性来识别。

(2) 判断轮廓环的顶点排列顺序的走向是顺时针还是逆时针，即平面多边形的定向问题，可采用计算机图形学中的面积法或特征顶点法来识别。

由此可以确定环的正方向，即对于外轮廓环而言，逆时针是正方向，内轮廓环则反之。如图 5-6 所示，当沿着轮廓环的正方向前进时，实体的外部始终处在轮廓环的右方，对于需要将外轮廓扩大、内轮廓缩小的 LOM 系统，只需进行相当于数控加工系统的右刀补处理，而对 SLS 等系统则进行左刀补处理。

由于 STL 文件中的三角形面片信息中包括面片的外法向矢量，因而在 RP

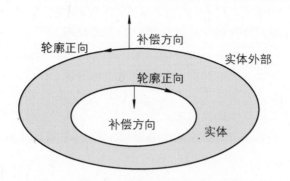

图 5-6 轮廓环的正方向

切片过程中很容易确定切片中每个轮廓环的正方向，而不需要在二维轮廓层次上通过上述方法判定。如图 5-7 所示，切片算法中开始确定切片起点时，要保证其方向与对该三角形面片的切片轮廓终止交点所在边与起始交点所在边矢量叉乘的结果矢量方向相同，这样切出的轮廓必然是正方向的，不用再判断一个轮廓环是内环还是外环，轮廓的哪一边是实体的外部，而只需沿着环的正方向依次进行处理即可，简化了算法实现，提高了处理速度。

图 5-7 切片起点的确定

修整轮廓环是该算法中最关键的部分，即剔除激光光斑不可能达到的凹部细节轮廓，这样再进行偏置时就不会再出现过刀补现象。凹部细节包括上文所述的小尺寸(小于激光光斑半径)内轮廓环和由于 CAD 模型三角化生成 STL 文件时产生的误差所造成的切片轮廓中不规则小尺寸凹折线段，也包括三维模型本身所包括的凹细节表面(如未加处理的反求模型和设计不良的 CAD 模型)形成的切片轮廓。这些轮廓细节具有一定的普遍性，在快速成形制造中经常会遇到。

修整轮廓环首先需要对每一轮廓线段计算出相应的偏置线段。将该轮廓线段按轮廓环正方向逆时针旋转 90°即获得半径偏置方向，再将轮廓线沿此方向平移偏置半径的长度，即得到偏置直线，它与前后相邻偏置直线相交即相应的偏置线段。

　　然后再用上述方向判据来比较偏置线段和原始轮廓线段的方向是否吻合，以此来决定这段轮廓线段是否应该被删除。将一整段凹部细节轮廓剔除后，再根据被删除轮廓的特征决定是否需要添加新的轮廓点，以保证对该修整轮廓半径偏置后形状与原始轮廓一致。如图5-8(a)所示，这里添加的轮廓点本身可能会导致修整轮廓与原始轮廓有较大的出入，但形状不一致的地方都在半径偏置不可能达到的凹部细节部分，最终偏置后的轮廓与原始轮廓是一致的(见图5-8(b))。

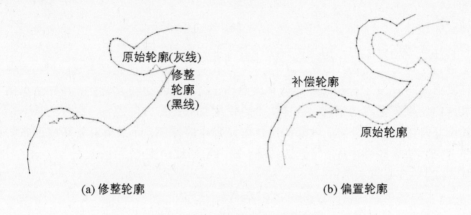

原始轮廓(灰线)

修整轮廓(黑线)

补偿轮廓

原始轮廓

(a) 修整轮廓　　　　　　　　　　　　　　(b) 偏置轮廓

图5-8　修整轮廓与偏置轮廓

　　值得注意的是，该方向一致性判据具有很强的局部性，它只涉及到被评判轮廓点及它之前、之后的一个轮廓点，而与轮廓全局信息无关，这在保证算法能快速处理的同时也导致有可能不会一次检查出所有的凹部细节轮廓。若一段连续的凹部细节轮廓中含有多个轮廓点，则中间会有一些轮廓点可能会受到两边凹部细节轮廓点的干扰，不会被识别出来，而只有在剔除了两边已经识别出的凹部细节后，才会被识别。因此，该轮廓修整过程是一个迭代过程，需要用该方向判据对轮廓环反复评判并及时剔除已经发现的凹部细节，直至在一次循环中所有轮廓点都不属于凹部细节时，该迭代过程才算结束。对一个小尺寸内轮廓环(尺度小于偏置半径，应该整体删除)来说，在每次迭代过程中都会有一部分轮廓会被识别为凹部细节，最终整个轮廓环将被全部删除(见图5-8(a)左部的小轮廓环)。

　　在每次进行方向判据测试时，都需要计算对应轮廓线段的偏置线段，这是一个比较花费时间的计算过程，其实，根据该判据的局部性可知，只有在一个轮廓点两边的轮廓点发生变化时，该点的测试结果才会有可能改变。因此，在算法实现时，可对每个轮廓点都设置一个更新属性，它指示该点在下一次迭代中是否需要再次测试。只在一个轮廓点被删除或被插入的情况下，才设置该点的相邻点的更新属性为真，由此可以消除重复计算，大大提高处理速度。

轮廓修整完毕后就可按照标准的数控系统刀具半径偏置算法对修整后的轮廓进行半径偏置，根据相邻轮廓线段的夹角和偏置方向来确定相邻偏置线之间的转接方式：缩短型，伸长型和插入型，并由此生成最终偏置轮廓，其结果见图 5-8(b)。

该算法没有考虑偏置后的轮廓会发生干涉的问题，这是因为判断轮廓干涉的算法时间复杂度太高，速度慢，不利于轮廓数据的实时处理。由于激光光斑很细(约 0.1 mm)，发生该问题的概率很小，并且即使发生干涉，对最终制件质量的影响也很轻微(因为光斑太小)，因此，对 3D 打印系统而言，忽略该问题是可以接受的。

5.3　3D 打印系统软件介绍

3D 打印软件从开发厂商和功能侧重点上来看主要可分为两种，独立的第三方 3D 打印软件和 3D 打印系统制造商开发的专用 3D 打印软件。

5.3.1　独立的第三方 RP 软件

国外涌现出很多作为 CAD 与 3D 打印系统之间的桥梁的第三方软件，这些软件一般都以常用的数据文件格式作为输入、输出接口。输入的数据文件格式有 STL、IGES、DXF、HPGL、CT 切片文件等。以下介绍一些国外比较著名的第三方接口软件。

Bridge Works 由美国的 Solid Concept 公司在 1992 年推出，经不断改进，现已发展到 Version 4.0 以上。该软件可通过对 STL 文件特征的分析，自动添加各种支撑。

SolidView 由美国的 Solid Concept 公司在 1994 年推出，可以在 Windows 3.1，Win 95，Winnt 操作系统下进行 STL 文件的线框和着色显示以及 STL 文件的旋转、缩放等操作。

STL Manager 是由美国的 POGO 公司于 1994 年推出，主要用于 STL 文件的显示和支撑的添加。

StlView 是由美国的软件工程师 Igor Tebelev 在业余时间所写的软件，现已发展到 Version 9.0。它可以从网上免费下载并使用两周。同 SolidVielw 类似，这个软件可用于 STL 文件的显示和变换，同时它还有错误修复、添加支撑等功能。

Surfacer – RPM 是由美国的 Imageware 公司在 1994 年为其 Surfacer 软件增加的用于快速原型制造数据处理的模块。

MagicsRP 是由比利时 Materialise N. V. 公司推出的基于 STL 文件的通用 3D 打印数据处理软件，广泛应用在 3D 打印技术领域，是当今最具有影响力的第三方增材制造软件。MagicsRP 已经有 10 多年的历史，目前的最新版本是 8.10 版，它主要包括以下功能：

(1) STL 文件的显示，测量，编辑、纠错和切片。

(2) 切片轮廓的正确性验证，模型各个部件间的冲突检测。

(3) 布尔运算(包括模型的拼接、任意剖分，添加导流管等功能)。

(4) 模型加工时间预测、报价(依赖特定的 3D 打印设备)。

(5) 模型的镂空，三维偏置。

(6) 对 STL 模型添加 FDM、SLA 工艺要求的支撑结构。

MagicsRP 还提供了一系列可选的外挂模块，如 Tooling Module、Tooling Expert module、Volume Support Generation (Volume SG) Module、CTools and Slice Module、IGtoSTL & VDtoSTL Modules 等，这些模块能实现诸如切削加工，铸造的分模面处理，SLC 文件、IGES、VDA 文件格式转换等针对特定需求的功能。如图 5 - 9 所示为该软件的一个操作界面。

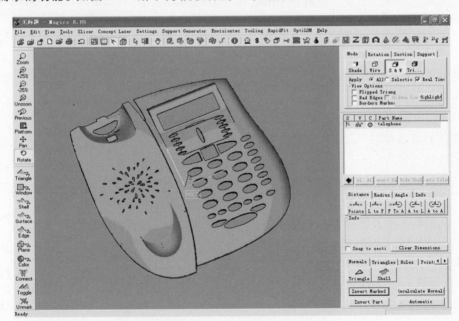

图 5 - 9　MagicsRP 软件的用户界面

MagicsRP 设计成熟、功能强大，但它的价格昂贵，其软件主体报价高达 1 万美元(额外的功能模块还需要另行购买)，大约相当于某些低端 3D 打印设备报价的 50%。并且 MagicsRP 作为一个通用全功能软件，操作复杂，应用在 3D 打印设备上并不方便，也没有中文界面的本地化版本，这些都限制了它在中国的进一步应用。

5.3.2 3D 打印系统制造商开发的专用 RP 软件

3D 打印软件的另一种开发模式是针对特定的 3D 打印设备开发专用 3D 打印数据处理及 NC 加工软件，这类软件整合了 3D 打印所需要的全部功能，针对 3D 打印设备操作人员进行开发，因而操作非常简单，并且能针对硬件设备的特点对 3D 打印数据和控制流程进行优化，确保设备的加工效率。

国外的主要大型 3D 打印系统生产商一般都开发自己的数据处理软件，如 3D Systems 公司的 ACES、QuickCast 软件，Hellisys 公司的 LOMSlice 软件，DTM 公司的 Rapid Tool 软件，Stratasys 公司的 QuickSlice、SupportWorks、AutoGen 软件，Cubital 公司的 SoliderDFE 软件，Sander Prototype 公司的 ProtoBuild 和 ProtoSupport 软件等。

开发专有软件的主要缺点在于：由于 3D 打印软件的开发需要很高的专业水平，要耗费大量的财力和时间，并不是每一家 3D 打印的设备厂家都有足够的能力和资源来开发符合自己要求的高质量的 3D 打印软件。现在，国外出现了 3D 打印的设备生产商购买第三方数据接口软件的趋势。如 3D Systems 公司与 Imageware 公司合作，采用 Imageware 的 3D 打印的一系列模块作为 3D Systems 的 SL Toolkit 软件，而 Sanders Prototype 公司也采用了 STL-Manager 作为自己的数据接口软件，另外，德国的 F&S 公司也购买了 Magics 软件的部分模块。

5.3.3 PowerRP 软件简介

华中科技大学独立研发的 PowerRP 软件是一个基于 HRP 系列 3D 打印成形机的 3D 打印数据处理及 NC 加工软件，它具有如下特点：

(1) 采用"虚拟机"机制。PowerRP 支持 HRP 全系列快速成形设备，包括 LOM、SLS、SL 和 FDM 这 4 种制造方式的十余种硬件型号，并且根据不同硬件设备在具体界面、数据处理和 NC 加工方面都分别做了优化。从用户的角度看，PowerRP 是一个 HRP 专用的系列软件，但实质上这一系列软件都共享一个通用的 3D 打印软件内核和用户界面框架，所不同的是外挂的"虚拟机"模块，可以说，PowerRP 是一个通用软件，理论上通过定制开发"虚拟机"的方式可支持业界所有的 3D 打印设备。

（2）独有"容错"切片功能。以往的 3D 打印软件一般不能直接处理有错的 STL 模型文件，必须通过 STL 纠错软件修复 STL 模型之后才可进行加工制造，手工纠错过程非常繁琐，并且需要操作人员具有丰富的纠错经验。Power-RP 内置了容错切片功能，对目前 90％ 以上的有错 STL 模型都可以直接处理，不需要另行纠错，这大大减轻了操作人员的负担。

（3）功能完备。该软件包括 STL 模型的浏览、变换、切片、轮廓数据优化、加工时间预估、模型复杂度评估、远程监控等功能。同时提供客户可选的一系列增值模块，如 STL 文件剖分、少硅橡胶模 CAD、SLA/FDM 支撑生成等。PowerRP 的主要功能如图 5 - 10 所示。

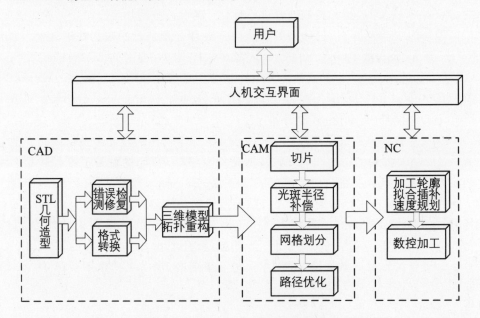

图 5 - 10　PowerRP 软件的功能示意图

（4）操作简单，可用性强。如图 5 - 11 所示，全系列 PowerRP 软件在整体软件界面和操作风格上完全一致，易于学习，并且根据 3D 打印设备操作人员的实际情况设计了简洁的用户界面，用户完成一项指定任务时，一般只需非常少的几步操作，不需要操作人员的手在键盘和鼠标之间切换，眼睛视线也不需要频繁移动，操作非常舒适。

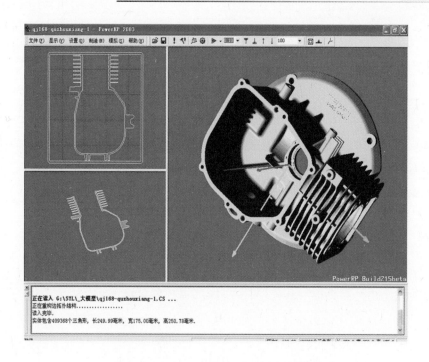

图 5 - 11　PowerRP 软件的用户界面

第6章 液态树脂光固化 3D 打印设备与操作流程

6.1 液态树脂光固化成形系统组成

如图 6-1 所示为液态树脂光固化 3D 打印机外形,该 3D 打印机系统如图 6-2 所示,由计算机控制系统、主机、激光器控制系统三部分组成。

图 6-1　液态树脂光固化 3D 打印设备

1. 计算机控制系统

计算机控制系统由高可靠性计算机、性能可靠的各种控制模块、电机驱动单元、各种传感器组成,配以 HRPLA 2002 软件。该软件用于三维图形数据处理、加工过程的实时控制及模拟。

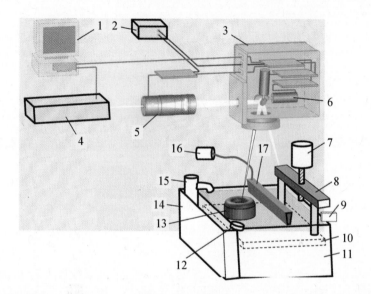

1—控制计算机；2—电源；3—扫描头；4—激光器；5—动态聚焦镜；6—振镜系统；
7—步进电机；8—升降架； 9—液面检测传感器；10—升降工作台；11—液槽；
12—功率检测传感器；13—成形件；14—副液槽；15—充液泵；16—抽气泵；
17—补液刮板

图 6-2 液态树脂光固化 3D 打印成形系统原理图

2. 主机

主机由五个基本单元组成：涂覆系统、检测系统、扫描系统、加热系统、机身与机壳。它主要完成系统光固化成形制件的基本动作。

3. 激光器控制系统

激光器控制系统主要由激光器和振镜扫描机构组成。振镜扫描机构用来控制激光器，输出紫外激光来固化树脂。

激光扫描系统由控制计算机、电源、扫描头、激光器、动态聚焦镜、振镜系统和功率检测传感器等组成。其中振镜系统由两组反射镜和驱动器构成，一组控制激光束在 X 向移动，另一组控制激光束在 Y 轴方向移动；激光器为 350 nm 的紫外线光固态激光器；动态聚焦镜用于动态补偿激光束从液面中心扫描到边缘时产生的焦距差；功率检测传感器定时监测激光器的功率变化，为扫描过程提供动态数据；电源给控制板提供所需要的电压。

光固化成形系统主要由步进电机、升降架、液面检测传感器、升降工作台、液槽、功率检测传感器、成形件、副液槽、充液泵、抽气泵和补液刮板等组成。其中步进电机、升降架和升降工作台构成的升降机构主要在工作中起到承载成形件并进行上升、下降操作。当成形件的每一层固化后，升降机构将成形件下降到设定的高度，使固化层浸入液面下，并控制固化层面与液态树脂面保持设定的距离，这个距离一般在 0.1 mm 以下。由液面检测传感器、副液槽和充液泵构成补液系统，以确保液面能在设定的高度精确定位；当树脂有消耗并检测到液面出现下降且偏离设定的高度时，即可用充液泵从副液槽中抽取树脂，补充到主液槽，以使液面回到设定的高度。由抽气泵和补液刮板组成的铺液系统的主要作用是，当某层树脂被激光束扫描固化后，在其上表面铺上一层液态树脂。

如图 6-3 所示，补液刮板是一种空心夹层结构，当刮板在成形件固化层以外的区域移动时，抽气泵从刮板空心夹层处抽出适量空气使之能吸入适量的液态树脂；当含液态树脂的刮板移动到成形件的固化层面上时，刮板立即释放出一层薄薄的液态树脂铺覆在已固化层上，等待激光束的下一轮扫描固化。

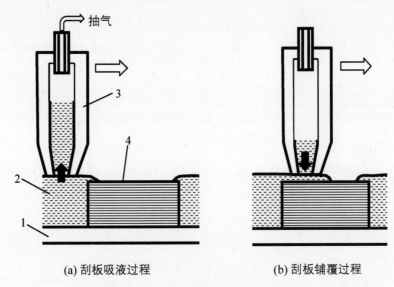

(a) 刮板吸液过程　　　　　　　(b) 刮板铺覆过程

1—可升降工作台；2—液态树脂；3—补液刮板；4—固化层

图 6-3　补液刮板铺液工作原理

6.2　操作界面

启动计算机，进入 HRPLA 2002 软件系统后，打开一个 STL 文件，将出现如图 6-4 所示的主窗口。

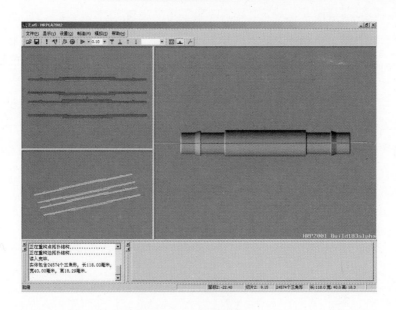

图6-4 主界面窗口

1. 菜单栏

菜单栏如图6-5所示。

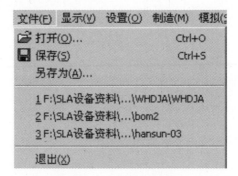

图6-5 菜单栏

(1)【文件】菜单如图6-6所示。

图6-6 【文件】菜单

【打开】：打开一个用户想要加工的STL文件。

【保存】：保存用户对该STL文件的修改。

【另存为】：不覆盖源文件，把修改后的文件存为另一个文件。

【退出】：退出本程序，结束操作。

【另存为】与【退出】中间显示的是最近打开文件列表，以显示用户最近打开过的 STL 文件，方便使用。

(2)【显示】菜单如图 6 - 7 所示。

图 6 - 7 【显示】菜单

可选择的 3D 投影方式有：【透视投影】、【正交投影】，一般使用【正交投影】。

【透视投影】：可以进行旋转、放缩，一般用来观察零件的三维造型。

【正交投影】：可以在左边视图中显示截面形状。

可选择的 3D 显示方式有：【点网模式】、【框架模式】、【填充模式】，一般使用【填充模式】。

【显示轴线】：选中后，右边视图中的三维模型上会显示三根轴线。

【工具栏】：显示/隐藏工具栏。

【状态栏】：显示/隐藏状态栏。

【控制台】：显示/隐藏控制台。

(3)【设置】菜单如图 6 - 8 所示。

图 6 - 8 【设置】菜单

选择【实体变换】或【实体放缩】，显示实体变换/实体放缩对话框，如图 6-9 所示。

图 6-9 实体变换对话框

【旋转】：过中心点，沿 X、Y、Z 轴旋转一定的角度，角度值可以任意写。

【放缩】：将零件按比例放缩。比例值可以任意写。

选择【制造设置】，显示如图 6-10 所示对话框。

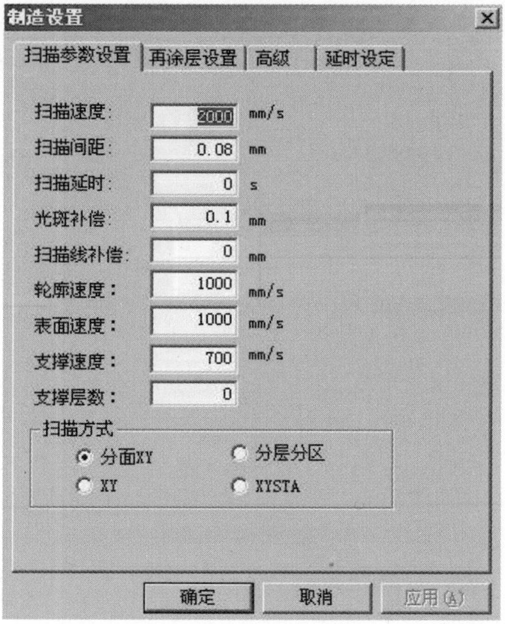

图 6-10 【扫描参数设置】对话框

【扫描参数设置】各参数的功能和要求如下：

扫描速度：激光在工作面上得扫描速度，取值范围为 1000～7000 mm/s，建议取 2000～4000 mm/s。

扫描间距：相邻扫描线之间的间距，间距过大会影响零件强度，过小会加长加工时间，一般在 0.02～0.2 mm 之间取值(一般为 0.08 mm)。

扫描延时：自动制造中刮板动作结束后延时一段时间后，再使激光扫描，默认值为 1 s(此参数的设置一般用于研究，正常加工时此参数不用设置)。

光斑补偿：激光扫描时，在零件轮廓线上会产生热量扩散，使得不应固化的树脂也被固化，而使得零件尺寸错误。光斑补偿用于尺寸错误，如设为 0.1 mm 则零件外壁向内移 0.1 mm 同时零件内壁向外移 0.1 mm，既零件壁厚减小 0.2 mm。根据不同材料选择不同系数，具体数值应根据试验来定(无补偿时为 0)。

支撑速度：扫描支撑的速度。

支撑层数：零件支撑的具体层数。

扫描方式：可以选择 4 种扫描方式。一般选择分面 XY 方式，此扫描方式节省固化时间。

【再涂层设置】对话框如图 6-11 所示，各参数的功能和要求如下：

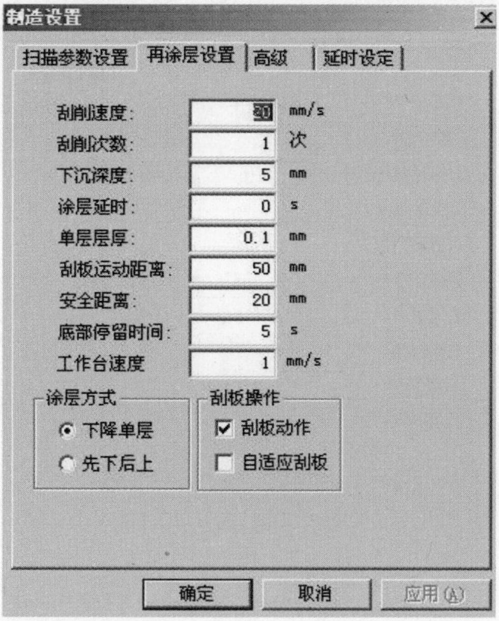

图 6-11 【再涂层设置】对话框

刮削速度：刮板运行速度。

刮削次数：加工一层的过程中刮板来回运动的次数。

下沉深度：刮板下降一定深度再升起的距离。

涂层延时：上一次扫描结束，开始下一次刮板下降前的等待时间，不是扫描结束后就立即下降。

单层厚度：制作零件的单层层厚。

刮削运动距离：不采用自适应刮板加工零件时刮板运行距离。

安全距离：采用自适应刮板时零件和刮板之间的距离。

底部停留时间：在扫描实体时，如果采用先下降后上升的方式，刮板降下后在底部停留的时间。

工作台速度：工作台下降速度。

涂层方式：下降单层为每加工完一层后，刮板下降一个层厚；先下后上为每加工完一层后，刮板先下降一定的深度，再上升。

刮板操作：选择刮板动作则在加工过程中，刮板刮削涂层。否则，不刮削涂层。选择自适应涂层时，刮板根据实际扫描面大小自动调整运动距离。在制造支撑过程中，根据液面情况，前几层(一般为前3层)工作台下降单层，刮板不运动，再选择工作台先下后上，刮板不运动。之后加工自动进行。

【高级】设置对话框如图6-12所示，各参数的功能和要求如下：

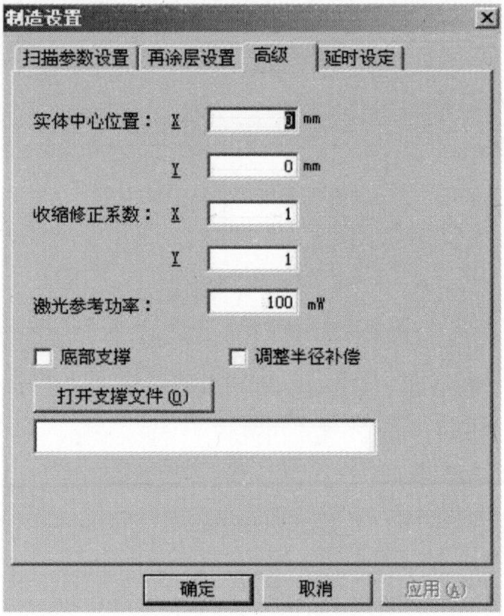

图 6-12 【高级】设置对话框

实体中心位置：零件实际加工中相对于工作台中心点的偏移。

收缩修正系数：零件放缩系数，根据不同材料的收缩调整零件放缩系数。

激光参考功率：设置扫描参数的基准参考功率。

底部支撑：选中此项时加工支撑。

调整半径补偿：制作精细零件时选择此项消除光斑补偿对扫描的影响。

打开支撑文件：打开并读取零件的对应支撑文件。

【延时设定】对话框如图6－13所示，其中灰色部分不允许用户修改。

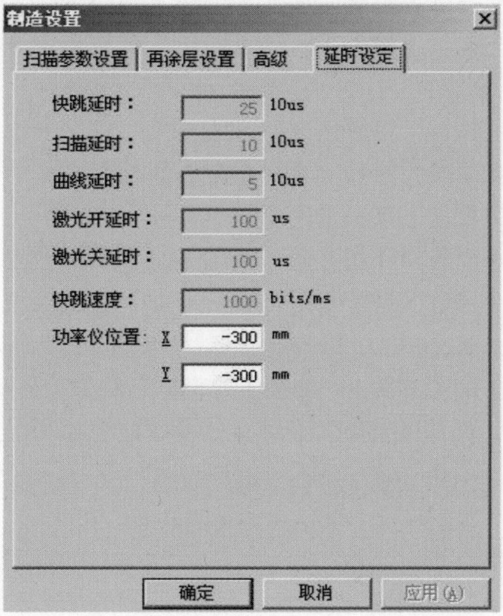

图6－13　【延时设定】对话框

功率仪位置：功率仪处于工作面的位置。

> S_2一般情况下，无需对【高级】和【延时设定】里面的参数进行设置。如有需要，按住【ctrl】键，点击【制造设置】，【高级】和【延时设定】便会出现在【制造设置】对话框中。

（4）【制造】菜单如图6－14所示。

【制造】：显示【制造】对话框，如图6－15所示。

【连续制造】：制造设定高度范围内的实体零件，弹出如图6－16所示对话框。

【单层制造】：单层制造开始，或者制造设定高度z的层面。

【机床回零】：回到设定的机床零点。

【中止】：按下此键，结束加工，退出制造对话框。

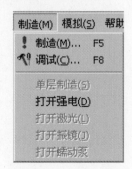

图6－14　【制造】菜单

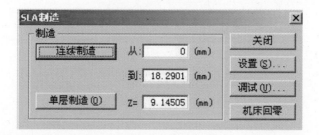

图6-15 【制造】对话框

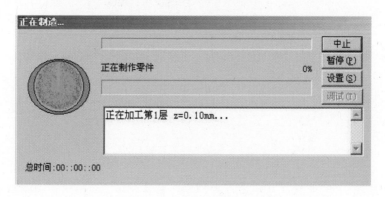

图6-16 【连续制造】对话框

【暂停】：按下此键，按下此键暂停加工，弹起继续加工。

【设置】：按下此键，显示【设置】对话框。

【调试】：按下此键，显示【SLA 控制面板】对话框，如图6-17所示。

【Z 轴点动】：按住上(下)键工作台连续上升(下降)，弹起将停止运动。

【Z 轴自动】：工作台上升(下降)设定距离。

【刮板速度】：设置刮板运行的速度。

【刮板点动】：按住前(后)键刮板连续前进(后退)，弹起将停止运动。

【刮板自动】：点击自动运行一段距离。

【排气扇】：按下打开排气扇，弹起关闭。

【真空泵】：按下打开真空泵，弹起关闭。

【蠕动泵】：按下打开蠕动泵，弹起关闭。

【刮板解锁】：按下刮板解锁，可手动调节刮板。

【激光 Q 开关】：按下打开激光，弹起关闭。

【功率检测】：点击检测一次激光功率。

【激光调整】：激光光斑回到工作台零点。

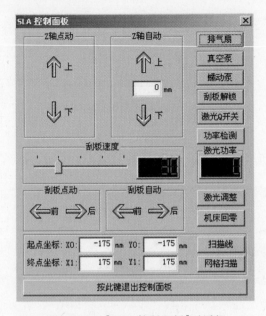

图6-17 【SLA控制面板】对话框

【机床回零】：工作台和刮板回零。

【扫描线】：根据起点及终点坐标扫描一条直线。

【网格扫描】：根绝起点及终点坐标扫描九点网格。

(5)【模拟】菜单如图6-18所示，单击【模拟制造】，出现如图6-19所示对话框。

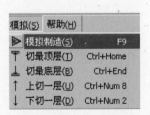

图6-18 【模拟】菜单

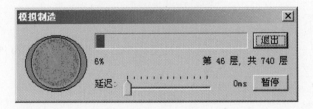

图6-19 【模拟制造】对话框

【切最顶层】：显示最顶层的切片图形。

【切最底层】：显示最底层的切片图形。

【上切一层】：显示上一层的切片图形。

【下切一层】：显示下一层的切片图形。

（6）【帮助】菜单如图6-20所示。

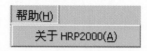

图6-20 【帮助】菜单

【关于HRP2000】：显示【关于】对话框，如图6-21所示。

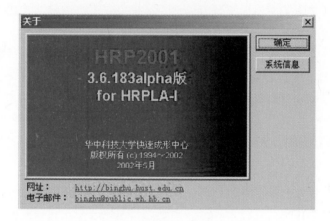

图6-21 【关于】对话框

2. 工具栏

工具栏如图6-22所示，是菜单项的快捷方式，上面一行分别对应【打开】、【保存】、【制造】、【制造基底】、【实体变换】、【制造设置】、【模拟制造】、【设置切片层厚】、【切最顶层】、【切最底层】、【上切一层】、【下切一层】、【设置切片Z值】、【透视投影】、【正交投影】、【还原】，其详细用法请见菜单项说明。

图6-22 工具栏

3. 状态栏

状态栏如图6-23所示，总共5格，第一格显示工具提示，第二格显示鼠标位置，第三格显示当前切片的Z坐标或选择的Z位置，第四格显示当前加工的零件有多少个三角形构成，第五格显示当前零件的长、宽、高。

| 改变实体方向、大小 | （29.53，-59.07） | 切片Z：10.46 | 20450个三角形 | 长:120.0 宽: 70.0 高: 29.7 | |

图 6-23　状态栏

6.3　3D 打印制造步骤

6.3.1　开机操作

1. 开机前的准备工作

（1）确认树脂槽中的树脂是否灌满，刮板要放在机床前部初始位置。

（2）检查激光束光路是否有物体隔断光路。

> ⚡每次开机之前，必须仔细检查工作腔内、工作台面上有无杂物，以免损伤刮板及导轨。

2. 开机操作

（1）启动设备外部的总电源。

（2）打开操作面板电源。

（3）启动计算机，运行 HRPLA 2002 程序，在【制造】菜单下【打开强电】、【打开振镜】。

（4）手动打开激光器，按照激光器操作指南依次打开激光器各个按钮。

> S_2在打开激光之前必须打开振镜，否则导致液槽中树脂被固化。

（5）在【制造】菜单下点击【调试】，打开【SLA 控制面板】对话框。点击【激光功率】，检测激光功率，调整激光器出口处衰减片使输出功率为 100 mW 左右；点击【Z 轴移动】、【向上】升起底座，安装制件托板（四个螺丝只需轻轻带紧即可）；检测托盘和液面间距，调整托盘；打开蠕动泵、真空泵，检查蠕动泵流量情况以及刮板中液面高低；加热树脂，手动打开加热开关，直到系统温度达到设定值；检查零件图，生成支撑的 ZIF 文件。

S_2在调整刮板和托板的位置的时候，不要让刮板和制件托板发生碰撞。在升降托板时，必须将刮板放在液槽前面的极限位置。

6.3.2 图形预处理

HRPL－Ⅱ系统可通过网络或软盘接收 STL 文件。通过磁盘或网络将准备加工的 STL 文件调入计算机。按照操作指南完成开机操作后，通过【文件】下拉菜单，读取 STL 文件，并显示在屏幕实体视图框中，如果零件模型显示有错误，请退出 HRPL 软件，用修正软件自动修正，然后再读入，直到系统不提示有错误为止。通过"实体转换"菜单，将实体模型进行适当的旋转，以选取理想的加工方位。加工方位确定后，利用【文件】下拉菜单的【保存】或【另存为】项保存该零件，以作为即将用于加工的数据模型。如果是【文件】下拉菜单中的文件列表中已有的文件，用鼠标直接点击该文件即可。

6.3.3 零件制作

1. 新零件制作步骤

（1）点击【文件】菜单，选择【打开】，打开将要加工的零件。

（2）点击【设置】菜单，选择【制造设置】，进行系统的零件制作参数设置，包括扫描参数设置、再涂层设置，设置完后确定。调入相关的文件。

（3）模拟加工过程，检查是否有明显的错误。可点击【模拟】菜单，选择【模拟制造】项，即可进行该零件的模拟制造。

（4）选择【制造】菜单，选择【制造】项，进入【制造】对话框。在【制造】对话框中，设置好起始高度（一般不改变它的初始值），按【连续制造】按钮开始全自动制造，关上门，零件做完，系统自动停止工作。【单层制造】为制造实体某一设置高度的那一层的截面。

S_2 工作过程中，要尽量减少前门的开启次数，以减少热量的散失，保持设备内部温度的均匀，避免因此而引起的零件的变形。

在加工过程中需要随时注意以下几个问题：

（1）刮板和制件是否相碰（按急停开关中断加工）。

(2) 刮板是否超出有效范围(手动调整刮板位置)。

(3) 扫描时是否出现剥离,分层或变形(通过界面改变参数)。

(4) 如果有紧急情况出现,立即按下操作面板上的急停开关停止设备的运行。

2. 系统暂停和继续加工

在全自动制造过程中,如果想暂时停止制造,点击制造对话框上的【暂停】按钮,系统在加工完当前层后停止加工下一层。

如果想继续制造,弹起【暂停】按钮重新开始制造。

3. 制件的取出

(1) 零件做完后,系统自动停止运行。在【制造】对话框中选择【关闭】按钮并确认(如果是中途停机,则点击【中止】,首先将零件制造停止,然后点击【关闭】按钮退出【制造】对话框)。

(2) 点击【制造】菜单,选择【关闭振镜】,并手动把刮板放置在液槽前面极限位置。

(3) 点击【制造】菜单,选择【调试】,Z 轴向上移动升起工作台,使其离开液面,等待 30 分钟左右,使树脂从底座充分流完,取下螺丝,取下制件托板。

(4) 带上塑料手套和口罩,用酒精先初步清洗托板和制件,然后放置在平整平面上,用铲子把制件铲下,注意不要损坏托板和制件。

(5) 用有机溶剂酒精清洗制件,除去残留在制件上的液态树脂(此时如果有比较容易去除的支撑,可以用铲子将其铲掉),待酒精挥发干净后,将零件在专用紫外烘箱中固化。

> s_2 在取出制件的整个操作过程中,需要带上塑料手套和口罩(防止有机溶剂和树脂对人体造成伤害)。

4. 关机

取出制件后,在【制造】菜单下点击【关闭强电】,最后点击窗口右上角的关闭按钮"×"或【文件】中的【退出】,自动退出 HRPL - Ⅱ 系统,回到 Windows 界面。手动关闭激光器(详见激光器操作手册),手动关闭系统操作面板电源,再手动关闭计算机。

> s_2 在零件加工过程中,可以点击【设置】菜单,随时调整零件的制作参数。

6.3.4 零件的取出与处理

固化完毕后，从紫外烘箱中取出制件。用铲子等工具轻轻地将制件支撑除去。制件打磨，用砂纸从粗到细打磨制件，直到制件表面均匀，无明显缺陷为止，如有严重缺陷，可通过修补或粘接来消除。打磨完后用水清洗制件，如需要进一步提高表面质量，可以进行抛光、喷砂、上色等工艺处理。

清洗托板，镊子，螺丝刀等工具。

> S_2打磨时制件要放在平整的平面用力要均匀，不能太大或太猛。抛光后的制件尽量不用手直接拿取，以免抛光面受到损坏。在整个后处理的过程中，需要带口罩和手套。

6.3.5 总的工艺流程简图

打印制作的工艺流程简图如图6-24所示。

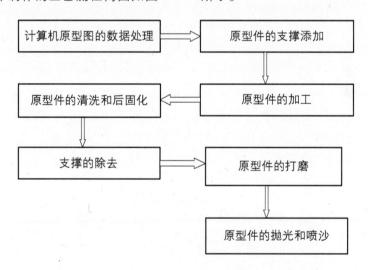

图6-24 工艺流程简图

6.4 制件的修整与处理

原型在液态树脂中成形完毕，升降台将其提升出液面后取出，并开始进行光整、打磨等后处理。后处理的方法可以有多种，这里列举一种阐述其过程以作参考。

1. 取出成形件

将薄片状铲刀插入成形件与升降台板之间，取出成形件。但是如果成形件较软时，可以将成形件连同升降台板一起取出进行后固化处理。

2. 未固化树脂的排出

如果在成形件内部残留有未固化的树脂，则由于在后固化处理或成形件储存的过程中发生暗反应，使残留树脂固化收缩引起成形件变形，因此从成形件中排出残留树脂很重要。如有封闭的成形件结构常常会将未固化的树脂封闭在里面，必须在设计 CAD 三维模型时预开一些排液的小孔，或者在成形后用钻头在适当的位置钻几个小孔，将液态树脂排出。

3. 表面清洗

可以将成形件浸入溶剂或者超声波清洗槽中清洗掉表面的液态树脂，如果用的是水溶性溶剂，应用清水洗掉成形件表面的溶剂，再用压缩空气将水吹除掉。最后用蘸上溶剂的棉签除去残留在表面的液态树脂。

4. 后固化处理

当用激光照射成形的原型件硬度还不满足要求时，有必要再用紫外灯照射的光固化方式和加热的热固化方式对原型件进行后固化处理。如图 6 – 25 为紫外灯光源后固化箱，用光固化方式进行后固化时，建议使用能透射到原型件内部的长波长光源，且使用照度较弱的光源进行辐照，以避免由于急剧反应引起内部温度上升。要注意的是随着固化过程产生的内应力，温度上升引起的软化等因素会使制件发生变形或者出现裂纹。

图 6 – 25   紫外灯照射与加热后固化箱

5. 去除支撑

用剪刀和镊子等将支撑去除，然后用锉刀和砂布进行光整。对于比较脆的树脂材料，在后固化处理后去除支撑容易损伤制件，建议在后固化处理前去除支撑。

6. 机械加工

这里指在成形件上打孔和攻螺纹的加工。一般来说，对塑料进行切削、铣削、研磨等精加工时都会发生小片剥离缺损和开裂等问题。特别是打孔时，主要是防止开裂和结胶。对于阳离子型树脂，进刀速度低会发生结胶气味，速度过快回出现裂纹。钻孔时为了防止出现开裂，应避免钻头的偏心旋转。旋转速度较慢时，力矩不能过大。需要攻螺纹的孔，须选择适当的底孔径，攻螺纹时不要用力过猛。

7. 打磨

用光固化快速成形技术制造的成形件表面都会有约 0.05～0.1 mm 的层间台阶效应，影响制件的外观和质量。因此，有必要用砂纸打磨制件的表面去掉层间台阶，获得光滑的表面质量。其方法是先用 100 号的粗砂纸，然后逐渐换细砂纸，直换到 600 号砂纸为止。每次更换砂纸时都要用水将制件洗净，并风干。最后用抛光打磨可以得到光亮的表面。在更换砂纸渐进打磨的过程中，进行到一定的程度时，如果用浸润了光固化树脂的布头涂擦制件表面，使液态树脂填满层间台阶和细小的凹坑，再用紫外灯照射，即可获得表面光滑而透明的原型件。

如果制件表面需要喷涂漆，则用以下方法进行处理：

(1) 先用腻子材料填补层间台阶。要求这种腻子材料对树脂的原型件有较好的黏附性、收缩率小、打磨性要好。

(2) 然后喷涂底色，覆盖突出部分。

(3) 用 600 号以上的水砂纸和磨石打磨几个微米的厚度。

(4) 再用喷枪喷涂 10 微米左右的面漆。

(5) 最后用抛光剂将原型件打磨成镜面。

第7章 液态树脂光固化3D打印技术的发展

7.1 自由液面型光固化成形

通常将从上方对液态树脂进行扫描照射的成形方式称之为自由液面型成形系统，如图7-1所示。这种系统需要精确检测液态树脂的液面高度，并精确控制液面与液面下已固化树脂层上表面的距离，即控制成形层的厚度。从20世纪90年代以来，大多数工业级大型的光固化设备均采用如图7-1(a)所示的技术，即采用紫外光激光器加扫描振镜的方式，将数模切片截面轮廓选择性地扫描在液态树脂之上表面。随着数字光学处理(Digital Light Procession，DLP)投影技术的发展，有公司开发了如图7-1(b)所示的光固化成形方式，即将数模切片截面轮廓用DLP投影的方式投射到液态树脂之上表面。

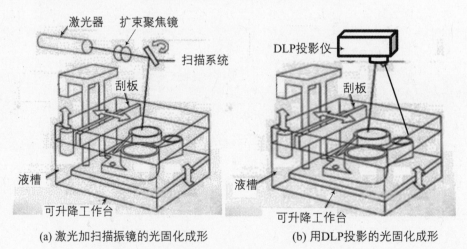

(a) 激光加扫描振镜的光固化成形　　　　(b) 用DLP投影的光固化成形

图7-1 从液面上方进行照射的光固化成形装置

用激光束经振镜扫描的方式，其扫描轨迹会产生鼓形或枕形误差，需要加入校正软件。而且由于振镜中心到投影平面中心的垂直焦长比到投影面边缘的斜焦长短，需要在激光源和振镜之间设置动态聚焦镜进行动态变焦校正，因此这种激光扫描系统的设备成本高。由于受到同台聚焦镜性能的影响，其扫描速度及成形效率都难于提高。而采用 DLP 投影技术的光固化成形技术的成形效率高，其层间距可达到 0.01 mm，因此成形精度也较高。

7.2 约束液面型光固化成形

如图 7-2 所示，采用光源从下部隔着一层玻璃板往上照射扫描的成形方式，通常称为约束液面型成形光固化成形。这种约束液面型结构，只需要用伺服电机控制升降台在 Z 轴方向的位移，即可精确控制玻璃板上表面与固化层下表面间的距离，即成形层的厚度。这种结构还有如下优点：

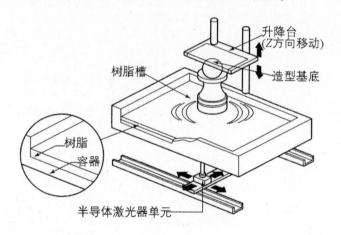

图 7-2 用激光束扫描的约束液面型光固化 3D 打印工作原理

（1）不需要精确控制上液面的高度。

（2）液槽容积小，不需要一次注入大量液态树脂，以免长期存放导致氧化或曝光等失效。

（3）材料利用率高，成形一个原型件几乎可以全部用完注入的树脂。

（4）树脂已固化的部分可以不浸泡在液态树脂中，避免原型件变形。

早在 20 世纪 90 年代，日本的 DENKEN ENGINEERING 公司和 AUTOSTRADE 公司在日本化药公司开发新型光敏树脂的支持下，使用 680 nm 左右波长的半导体激光器作为光源，开发了一种桌面型约束液面式光固化成形机，如图 7-3 所示。

图 7-3 桌面型约束液面式光固化成形机

如图 7-4 所示，由于 DLP 投影技术的发展，已有公司开发了采用 DLP 技术的桌面型约束液面式的光固化 3D 打印成形机。

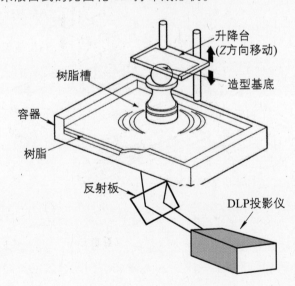

图 7-4 用 DLP 投射的约束液面型光固化 3D 打印工作原理

2015 年 3 月，美国 Carbon3D 公司首先提出一种"连续液面生长技术"(CLIP)。如图 7-5 所示，该技术是通过透氧材料特氟龙引入氧气作为固化抑制剂，在树脂底部形成一层薄的液态抑制固化层，即所谓的"固化死区"，避免已固化区域与底部黏结，使固化过程保持连续性，从而比传统的 3D 打印速度快 25～100 倍，速度达到 500 mm/h。

此后，中国科学院福建物构所"3D 打印工程技术研发中心"林文雄课题组

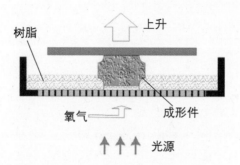

图7-5 连续液面生长式光固化成形技术

在国内首次突破了可连续打印的三维物体快速成形关键技术,并开发出一款超级快速的连续打印的数字投影(DLP)3D打印机。该3D打印机的速度达到了创记录的600 mm/h,可以在短短6 min内,从树脂槽中"拉"出一个高度为60 mm的三维物体,而同样物体采用传统的立体光固化成形工艺(SLA)来打印则需要约10 h,其速度提高了100倍。

第8章 3D 打印与其他技术相结合的发展

自美国 3D Systems 公司推出第一台商品化的 3D 打印设备以来，3D 打印技术得到飞速发展，各种成形方法不断涌现，成形技术日臻完善。目前，3D 打印技术已不局限于将计算机中的三维设计概念模型快速转换成实体原型，以验证概念设计，或作为原型进行展示收集市场反馈信息，而是进一步利用快速制模技术快速制造出小批量的塑料零件或金属零件，以进行功能测试和小批量试销。能有效缩短新产品开发及其模具的制造周期，快速制造出企业急需的接近成品的试制品，以了解消费者的反应，帮助企业做出正确的经营决策。

快速制模技术是利用 3D 打印或其他途径所得到的零件原型，根据不同的批量和功能要求，采用合适的工艺方法快速地制作模具。常用的快速制模方法有软模（Soft Tooling）、过渡模具（Bridge Tooling）和硬模（Hard Tooling）。另外还有用环氧树脂及聚氨酯制造金属薄板成形模具的技术。

8.1 软模技术

软模通常指的是硅橡胶模具。用 SL、FDM、LOM 或 SLS 等技术制作原型，再翻成硅橡胶模具后，向模中灌注双组份的树脂，固化后即得到所需的零件。树脂零件的机械性能可通过改变树脂中双组份的构成来调整。

软模技术广泛应用于结构复杂、式样变更频繁的各种家电、汽车、建筑、艺术、医学、航空、航天产品的制作，在新产品试制或者单件、小批量生产时，具有以下优点：

（1）软模技术具有运行费用低、材料价格低廉、成形效率高、原型制作时间短的特点。

（2）硅橡胶可以在常温下固化，且硅橡胶具有良好的成形复制性和脱模性能，对凸凹部分浇铸成形后均可以直接取出。用硅橡胶制模，少则十几个小时，多则几天便能完成，这可以大大缩短新产品的开发周期。

（3）因在真空中进行注型，可复制出多个精度高且极少有气泡的成型品，

30个制件成品大约10天即可完成。

（4）虽然形状复杂，厚薄程度不同，硅橡胶模具也不会产生缩水现象。即使对0.5mm厚度或极微细结构(有一点倒钩也没有问题)，钢模较难制作的塑胶制品均可进行真空注型。

（5）模具中可以插入金属零件、螺丝、螺帽及塑胶零件，制件成品还可以进行电镀、喷漆处理。

与传统方法相比，利用硅橡胶模具生产树脂零件不仅可以降低成本，更重要的是能缩短生产时间，特别适合新产品开发，使开发出来的新产品快速投入市场，使产品具有先声夺人的竞争优势，同时也使企业可以根据市场反馈确定新产品是正式投入批量生产或是需要改进，避免盲目投产带来的巨大损失。但是，聚氨酯零件的性能与ABS、PP或尼龙的性能毕竟不是完全相同，这些差异有时可能是无关紧要的，但有时在进行功能测试时可能是至关重要的。

8.1.1　工艺路线

利用原型件，通过快速真空注型技术制造硅橡胶模具，可用于50～500件小批量树脂样品或零件的制造，其工艺流程如图8-1所示。

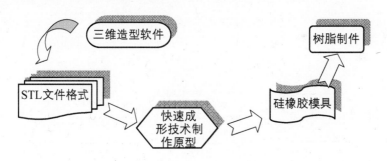

图8-1　工艺路线流程图

首先在计算机上使用Pro/E、UG-Ⅱ、Powershape等造型软件设计出产品的三维实体造型，并以STL文件格式输出到快速成形设备加工原型。制作的原型经过表面后处理，就可作为硅橡胶模具的母样。组合模框后，将硅橡胶主剂与硬化剂按照比例混合注入模框，经真空脱泡，置于室温下进行硬化，剖切取出母样即得到硅橡胶模具。在硅橡胶模具的基础上可以浇注出透明或不透明的树脂制件。

8.1.2　原型件的准备

用于制作硅橡胶模具的原型件，其尺寸和外型与用模具加工的零件相同，在制作硅橡胶模具时起分隔作用。借助于该原型,用液态的硅橡胶混合料,直接浇铸出模具的工作部分——凸模和凹模,原型的壁厚即为制出模具的凸凹模间隙。原型件是制作硅橡胶模具的关键,其形状、尺寸和表面粗糙度,都会直接反映到模具的型面上。

8.1.3 制作硅橡胶模具

由于零件的形状、尺寸不同,对硅橡胶模具的强度要求也不一样,因而制模的方法也有所不同。这里介绍常温、真空下的制模方法。

1. 制模的原材料和设备

(1) 原材料:双组份的室温硫化的有机硅橡胶由于具有优异的仿真性、脱模性和极低的收缩率,并具有加工成形方便以及耐热老化等特点,因此是一种优良的模具材料。

这种双组份硅橡胶可分成聚合型和加成型两类。其中聚合型在固化时会产生副生成物(酒精),故收缩率比加成型大;而加成型硅橡胶反应不会产生副生成物,线性收缩率小于 0.1%,不受模具厚度限制,可深度硫化,抗张、抗撕拉强度大,橡胶物性的稳定性比较优异,故成为模具硅橡胶的主导产品。

(2) 设备:真空注型机。

2. 制作硅橡胶模具的步骤

制作硅橡胶模具的工艺过程如图 8-2 所示,具体制作步骤如图 8-3 所示。

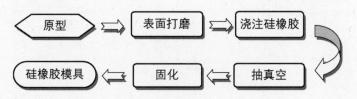

图 8-2 制作硅橡胶模具的工艺过程

(1) 取得母样。使用 RP 系统制造的原形作为硅橡胶模具的母样。根据实体造型,正确选择分模线,以确保制品能够顺利脱模。在分模线处贴上 5~10 mm 的胶带并涂颜色以示区分。

(2) 黏着浇注口。选择合适尺寸的 ABS 胶棒,固定在纸质原型上,作为后续浇注树脂材料的入口。

(3) 制作模框。从四方包围母样的方式组合板状的模框,然后,把准备好的原型放置到模框内,并使原型周围距模框的距离均匀。

(4) 硅胶计量混合。计算硅橡胶主剂所需的剂量,再加上一定的损耗系数,

母样材质为金属、塑胶、木材等，只要能耐50°~60°温度即可

(1) 取得母样

 浇注口将作为树脂材料的入口

(2) 黏着浇注口

 从四周包住母样，固定板状的模框

(3) 制作图框

 按比例将主剂与固化剂混合

(4) 硅胶计量混合

 将搅拌时混入的空气在真空下脱泡

(5) 真空脱泡

 将硅胶注入母样，至完全包住为止

(6) 注入硅橡胶

 将注入硅脱时带入的空气再次抽真空脱泡

(7) 真空脱泡

 室温下放置约10~24小时即可固化，60°时固化更快

(8) 固化

 取下模框，用手术刀将硅脱模剖开，并取出母样

(9) 剖开并取出母样

 将两半模合起来，不要错开，即已完成

(10) 合模完成

图8-3 硅橡胶模具制作过程

将硅橡胶按照比例进行调配。

（5）真空脱泡。调配均匀后，放入真空注型机中排除硅橡胶混合体中的气泡。

（6）注入硅橡胶。取出硅橡胶注入模框直至母样被完全包围。

（7）真空脱泡。将注入硅橡胶后的模框再次放入真空注型机中进行真空脱泡，以排除注入过程中带进的空气。

（8）固化。取出模框，在室温(25℃)下放置约24 h硅胶可完全固化。如果环境温度35℃，完全固化时间约为10 h。尽量使用室温固化，加温硬化会引起

硅橡胶收缩。

(9) 剖开并取出母样。取下模框，使用手术刀将硅橡胶模具剖开，将母样取出。

(10) 合模完成。将两半模合起来，即可完成合模。如果发现模具有少量缺陷，可以用新调配的硅橡胶修补，并经固化处理即可。

8.1.4 浇注品的制作

1. 浇注品原材料

在制作浇注品时，材料选择由日本生产的 Polyurethan Resin(PU 树脂) PU4207 AN 及硬化剂 4207 B。真空注型使用的聚氨酯材料，分为硬质材料(类 ABS 或高温 ABS 材料)、半硬质材料(类 PP、PE、PC、PMMA)和弹性材料(类橡胶)三种。颜色可为黑色、白色、米色以及完全透明等各种颜色，还可以加入颜料或喷漆处理。可操作时间一般为 3～5 min，离模时间约为 1 h。

2. 浇注品的制作步骤

利用真空注型机向硅橡胶模具中注入选定组份的树脂，待树脂固化后就形成与原型形状完全相同的树脂零件。如前所述，树脂零件的机械性能可通过改变树脂中双组份的构成来调整。每一件硅橡胶模具大约可以生产 20～50 件树脂零件。其具体的制作过程如下(参见图 8-4)：

(1) 计量树脂材料。按正确比例称量出树脂的主剂与硬化剂。

(2) 真空脱泡。将计量好的树脂材料放置于真空注型机中进行真空脱泡，脱泡时间因树脂的种类不同而异。

(3) 开气孔并清理硅橡胶模具。在上半模的最高处开气孔，用酒精擦拭分模面，除去分模面上的污渍，不易离型的还要喷上离型剂，然后放入烘箱中烘干。

(4) 密封分模线并合紧硅橡胶模具。将硅橡胶模具合好，在分模线处进行密封，夹上模板框，再以胶带把模具固定。

(5) 制作浇注 V 形口杯。为了便于浇注，在浇注口上方制作一个 V 形的浇口杯。

(6) 真空混合。把模具及树脂材料放置到真空注型机中，在真空状态下，将硬化剂加入主剂中并充分搅拌。

(7) 真空浇注。在真空状态下，将混合均匀的材料注入硅橡胶模具中。

(8) 大气加压。停止减压，排气使真空室恢复到大气压，把树脂压入模腔内。

（9）固化。取出模具，放置到树脂完全固化为止。如果把模具放置在60～70℃恒温环境下则可提前固化。

（10）开模。拆开模框及模具取出注型样件。

（11）切除浇注口。用线锯或夹钳等切除浇注口。

（12）修饰。用锉刀、利刃等，除去注入口及注型品上的毛边即可。如果有表面气孔或棱角不清，需经过修整，然后再进行喷砂处理。

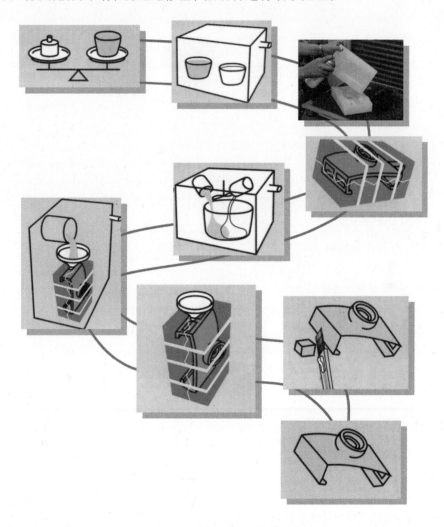

图8-4　浇注品制作过程

图8-5所示为硅橡胶模具及浇注品实例。

图8-5　硅橡胶模具及浇注品

8.2　过渡模技术

当用户需要20～100件ABS、PP或尼龙材料制作的产品，即保证注塑所用材料与最终零件生产所用工程塑料一致时，软模的方式就不适用了。而当产量只有几百至几千件时，如果采用硬质金属钢模具进行批量生产，成本太高，此时"桥式制模"的模具制造方法就应运而生，这是一个制作钢模认为不经济，但软模又不能满足注塑件要求的领域。

所谓桥模(Bridge Tooling)是指介于试制用软模与正式生产模之间的一种模具，这里称其为"过渡模"，可直接进行注塑生产，其使用寿命目标为提供100～1000个零件，这些零件用与最终零件生产期望的产品材料制成，具有经济快速的特点。目前，制造过渡模方式主要有铝填充环氧树脂模和SL成形的树脂壳铝填充环氧树脂背衬模。下面分别介绍这两种方式的制作方法。

8.2.1　铝填充环氧树脂模

铝填充环氧树脂(Composite Aluminum-Filled Epoxy, CAFÉ)模，是利用快速成形的母模，在室温下浇注铝基复合材料——填充铝粉的环氧树脂而构成的模具。

目前主要有三种制作铝填充环氧树脂模具的工艺。图8-6(a)所示为采用正母模(即形状与最终零件完全相同，但尺寸方面考虑了材料收缩等因素)的工艺，它仅需一个工步就能得到铝填充环氧树脂模。由于母模和树脂模材料都比较硬，对于形状结构比较复杂的零件，可能会难以脱模，必须适当增加拔模斜度；图8-6(b)所示为采用负母模(即形状与最终零件相反，尺寸方面考虑了材料收缩等因素)及中间硅橡胶软模的工艺。因为有中间硅橡胶软模，比较易于脱模，但增加了一次转换，会增大尺寸误差，此外，负母模的设计与制作一般也比较困难；图8-6(c)所示为采用正母模及两次中间硅橡胶软模的工艺。这里的正母模可直接根据零件的实际形状进行三维实体设计与制作，不必将此实体模型转化为负母模文件。但这种工艺需要两个中间硅橡胶模，工序较多，会增大尺寸误差。

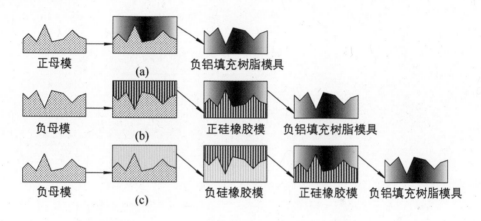

图8-6 制作铝填充树脂模具的三种工艺过程

我们着重了解第一种采用正母模工艺的制作过程。如同制作硅橡胶模具一样，制作过渡模具也需要与最终零件完全一致的原型。若不具备真空条件，可以采用如下方法进行铝填充环氧树脂模具的制作：首先，在原型的表面涂上一层脱模剂，然后在原型上外覆一层树脂作为注塑模型腔镶块。制作树脂型腔可以采取喷涂或刷涂的方法，如同制作玻璃钢制件一样。硬壳的厚度大多在1.5～2 mm之间。由于型腔在注塑过程中要承受一定的压力，所以型腔背后需填充环氧树脂和铝粉加以支承，再将填充后的型腔镶块安装在钢模之中进行注塑。制作的工艺过程如图8-7所示。

图8-7 采用正母模的铝填充环氧树脂模具工艺路线

如果具备真空条件，建议采用如下步骤进行铝填充环氧树脂模具的制作：
(1) 制作母模和分型板，如图8-8(a)所示。CAFÉ模具通常直接由正母模

(即形状与最终零件完全相同，但尺寸方面考虑了材料收缩等因素)产生，这个母模可以是 CNC 机床切削加工而成的铝模、塑料模、木模，也可以是快速成形件。用快速成形件作为母模时，原型件需要先经打磨、抛光等后处理工序，以消除表面的台阶效应与其他缺陷，这大约要花费 CAFÉ 模具全部制作时间的 $20\%\sim30\%$。为此，应尽可能减小制作母模时所选取的层厚，从而减少台阶效应，提高制作精度。虽然，这样会使制作母模的时间有所增加，却能够大大节省打磨、抛光的时间，并可避免损坏母模表面上的精细特征。分型板可采用丙烯酸材料或合成木加工而成。

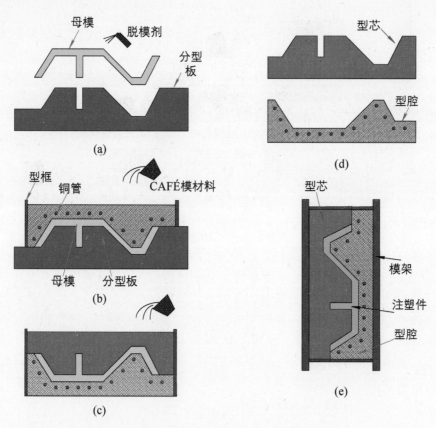

图 8-8　采用正母模的铝填充树脂模具制作过程

(2) 在母模表面涂覆很薄的一层脱模剂。

(3) 将母模与分型板放置在型框中，如图 8-8(b)所示。

(4) 将薄壁铜质冷却管放置在型框中靠近母模的位置。

(5) 配备必需数量的 CAFÉ 模具用材料，即预先混合的精细研磨铝粉和双组份热固性环氧树脂。混合物必须在真空中进行脱泡。

（6）在真空状态下，将 CAFÉ 模具用材料浇注到型框中，让其固化。

（7）将母模与完全固化的 CAFÉ 模具倒置，拆除分型板，在母模反面与先前固化的 CAFÉ 模具上涂覆脱模剂，并重复上述过程，浇注另外一半模，如图 8 - 8(c) 所示。

（8）待第二部分 CAFÉ 模具完全固化后，将第一部分(型腔)与第二部分(型芯)分离，去除母模，检查型腔与型芯是否有明显的缺陷，如图 8 - 8(d)所示。

（9）如果型腔与型芯良好，则用定位销使它们对准，在适当的位置钻出浇注孔，安装推料板和推料杆，连接冷却管，最后将整个模具装配件放置在标准模架中，如图 8 - 8(e)所示。

（10）注射热塑性塑料，得到最终产品。

环氧树脂模具与传统注塑模具相比，省略了传统加工工艺中的模具图详细设计、数控加工和热处理这三个耗时费钱的过程，因而成本只有传统方法的几分之一，生产周期也大大缩短，模具寿命可达 100～1000 件，对于形状简单的零件，模具寿命甚至可达到 5000 件，可满足中、小批量生产的需要。

8.2.2 SL 成形的树脂壳—铝填充环氧树脂背衬模

20 世纪 90 年代中期，3D Systems 公司和其他一些公司都致力于很有发展前景的桥式制模解决方案上，提出了 "Direct AIM"(ACES Injection Molding) 的概念。ACES 是 Accurate Clear Epoxy Solid 的缩写，它是由 3D System 公司开发器的一种 SLA 快速成形工艺。所谓 Direct AIM 方法，是在 300℃的温度下直接把热塑性材料注射入一种玻璃转化温度为 65～85℃的 SL 光敏树脂制成的 ACES 模腔中，得到塑料零件。

图 8 - 9 所示为弹簧秤制品及弹簧秤下盖的三维 CAD 设计，图 8 - 10 所示为弹簧秤制品 ACES 模具，左边为 AIM 型芯，右边为 AIM 型腔。这些型腔是香港理工大学按 ACES 构造方式用 CibaTool SL5170 做成的。因此需要 100 件聚苯乙烯做成的弹簧秤制品，硅橡胶软模浇注聚氨酯材料的材料性能达不到这种要求，经过多种方案的选择比较，香港理工大学选择了直接注塑入 ACES 模腔的办法，在五天内完成了用所推荐材料做成的聚苯乙烯弹簧秤注塑件 100 件。专家估计传统制模需要 90 h 的手工劳动，而 SL 制模仅需 4 h，能够这么快速使用所需材料注塑零件对企业来说是一个重大突破。

表 8 - 1 给出了一些典型的热塑性注塑材料的最佳注塑压力，温度和注塑周期。

图 8-9 弹簧秤制品及下盖三维 CAD 设计

图 8-10 弹簧秤制品下盖 ACES 型芯与型腔模具镶块

表 8-1 **Direct AIM 型芯与型腔建议采用的注射参数**

参数	低密度聚乙烯 (LDPE)	高密度聚乙烯 (HDPE)	聚苯乙烯 (PS)	聚丙烯 (PP)	ABS
注射压力/MPa	11.2	16.1	16.8	13.3	22.4
注射温度/℃	180	220	200	205	240
注塑周期/min	3.5	4.5	4.0	4.0	5.0

　　Direct AIM 的注塑周期是比较关键的。AIM 镶块不能出模太快,尽管整个过程的目的是快速制模,但如果用户生产模具已经节省了几个星期的时间,Direct AIM 方法在 5 min 的注塑周期仍然可以在 8 h 内生产出 100 个注塑零件。实践证明,在注塑过程中,Direct AIM 镶块并不是首先被破坏,因此,一

个更长的注塑循环周期可以让塑料冷却更好，同时降低了注塑件黏在 ACES 镶块上的可能性。

在注射/脱模过程中，选择合适的脱模剂也很重要。不使用脱模剂或者注塑循环周期过短，零件都会黏在 Direct AIM 镶块中，在出模时，零件有可能会被撕破，在镶块上剥下片状 ACES，注塑得到的零件就会产生凸起的缺陷。虽然已经开发了许多合成物可以用来帮助塑料从钢材或铝材中取出，但想要直接将塑料件从树脂材料上取出还比较困难。在反复比较一些传统的和非传统的材料之后发现，由 John wax 公司生产的 Lemon Pledge 喷射抛光剂，可以经济有效地进行 Direct AIM 镶块的脱模。

第三个关键是要有拔模斜度，即使对传统的钢模，通常也会增加 $0.5°\sim1°$ 的拔模斜度以保证零件出模。模具表面越光滑，所需拔模斜度就越小。如果没有拔模斜度，注塑零件黏在模具上的可能性就非常大。用一个机加工的钢模，结果也许只得到一个废品零件，但对于 ACES 模具，结果将会是整个模具被损坏。因此，使用 Direct AIM 镶块时拔模斜度必不可少。

Direct AIM 工艺的主要优点在于型芯和型腔镶块是在 SLA 设备上制作而成，不需传统 SL 零件清洗、去支撑、喷砂、打磨和后处理等辅助工序。然而，Direct AIM 也有以下不足：

(1) 固化后 SL 树脂的热导率比传统的工具钢低 300 倍。因此，模具从注塑塑料中吸热速率大大降低。因此，Direct AIM 的推荐注塑周期为 $4\sim5$ min，而传统的钢模只需要 $5\sim15$ s。SL 树脂的低热导率是造成采用 Direct AIM 工艺时所需注塑循环周期较长的原因。

(2) 在 SL 成形机上制作大型的 ACES 镶块需要 $30\sim40$ h。尽管这些时间比起传统钢模制造的几个月来说短得多，但它需要 SL 成形机制作 ACES 镶块的中间过程，因而延长了从 CAD 到第一件产品零件成形的时间。

(3) Direct AIM 镶块的物理强度不高，特别在注塑模中经受高温的情况下更明显。因此模具通常在零件出模时发生损坏，特别是在注塑周期被缩短、拔模斜度不合适、嵌件没有适当打磨(阶梯效应增加了摩擦阻力)或者没有使用有效的脱模剂时更容易损坏。

(4) Direct AIM 模具表面相对较软，因此抗磨损性能较差。对 30 到 100 件批量的纯热塑性塑料件问题不大，而对于批量在 $200\sim1000$ 件或者注射玻璃纤维填充的是热塑性塑料时，表面磨损可能是制约 Direct AIM 模具寿命的主要问题。

因此可以设想，是否能够不制作实心的 ACES 型芯与型腔镶块，而仅用 SLA 快速成形机制作两个 ACES 型芯与型腔薄"壳"。壳的厚度需要适当，壳薄一点可以缩短 SL 的制作时间并且增加热导率，但是如果壳太薄的话会导致后续处理时容易变形。最优的厚度取决于所用 SL 树脂的力学和热学性质，以及镶块的几何形状。实践证明，SL 5170 和 SL 5180 两种树脂在壳厚为 1.5～2 mm 时工作良好。

ACES 薄壳做好后进行清洗，去掉支撑及紫外线(UV)后固化后，在其背部填充铝粉双组分环氧树脂(Aluminum - Filled Epoxy，AFE)或低熔点金属。为了进一步改善 SL 合成模具的导热性能，把直径约为 1～6 mm 的铝粒加到背衬填充材料中，添加量约占总重量的 60%。添加铝粒的另一个附加作用是在树脂烘焙时减少热量释放，因为热量释放过多会降低 ACES 薄壳的精度。采用 ACES 型芯与型腔薄壳，背衬填充 AFE/Al 粒的模具组装如图 8-11 所示。

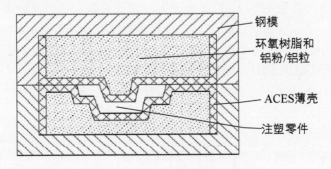

钢模

环氧树脂和铝粉/铝粒

ACES薄壳

注塑零件

图 8-11　ACES 薄壳模具组装图

我们知道纯金属的热导率比 SL 合成模具材料大两到三个数量级，因此，即使对最好的模具，循环周期也会比传统的钢或铝模具长得多。这也是"快速桥式制模"仅适合于小批量生产的原因。而含 60% 铝粒的 AFE 的热导率比实心 ACES 镶块的热导率大一个数量级，相对 Direct AIM 来说，在导热上有了很大的改进。实验结果表明，SL 合成模具材料的热导率(2mm 厚 ACES 壳，背衬填充含 40% 铝粒的 AFE)大约是 Direct AIM 的 3 倍。

这种复合材料制模的优点如下：

(1) 更快的 SL 制作时间(薄壳体相对实体而言)。

(2) 更有效的热导率，约比 Direct AIM 大 3 倍。

(3) 更好的抗压强度。

(4) 更低的成本。AFE/Al 粒的成本及混合和填充空腔的劳动成本，比起 SL 增材制造机构造实心 ACES 镶块的成本来说要少得多。

但 SL 合成模具材料也有其不足之处，表现在：

(1) 这种方法不够直接，需要额外填充 AFE/Al 粒背衬。

(2) 需要专门的技术来完成背衬填充操作，如果一次加 AFE 太多，那么放热过快也会降低镶块的精度。

　　背衬填充操作无疑能够改进整个模具的导热性能，延长镶块的使用寿命，只要有适当的冷却和背衬填充，一副模具至少可以生产200件注塑品零件。另外，注塑循环周期也能从4～5 min减为3 min左右。如果在SL薄壳镶块表面镀一薄层铜，还可以提供更好的抗腐蚀性，以及在零件出模时降低边缘破裂的可能性。

8.3　硬模技术

　　硬模通常指的是，用间接方法制造金属模具和用增材制造技术直接制作金属模具。目前金属零件或金属模具的制造主要使用金属粉末选择性激光烧结技术(SLS)和金属粉末选择性激光融化技术(SLM)两种方法。另外，采用金属箔作为LOM技术的材料可以直接制造出金属模具。若用金属材料作为FDM的成形材料，也可以直接制造成金属模具。关于这些技术将在本丛书的其他分部论述。

第9章 应用案例

　　自从光固化快速成型制造技术出现以来，不少学者一直在提出新理论、新发明、新工艺，扩大了该技术的制造水平、应用领域和应用范围。该技术目前主要应用在新产品开发设计检验、市场预测、航空航天、汽车制造、电子电信、民用器具、玩具、工程测试（应力分析，风道等）、装配测试、模具制造、医学、生物制造工程、美学等方面。

9.1　在制造业中的应用

　　光固化增材制造技术在制造工业中应用最多，达到 67％，说明该技术对改善产品的设计和制造水平发挥了巨大作用。图 9-1 所示为一个电子产品外壳从设计到组装成产品的开发过程典型案例。

9.2　在生物制造工程和医学中的应用

　　生物制造工程是指采用现代制造科学与生命科学相结合的原理和方法，通过直接或间接细胞受控组装完成组织和器官的人工制造的科学、技术和工程。以离散－堆积为原理的快速成形技术为制造科学与生命科学交叉结合提供了重要的手段。用快速成形技术辅助外科手术是一个重要的应用方向。

　　2003 年 10 月 13 日，美国达拉斯州儿童医疗中心对两个两岁的埃及连体婴儿进行了分离手术。在手术过程中，先进的医用造型材料和光固化成形技术(SL)发挥了关键作用。图 9-2 所示是一个将光固化成形原型件用于辅助连体婴儿分离手术的成功案例。图 9-2(a)是这对连体婴儿 Ahmed 和 Mohamed 在手术前的照片，图 9-2(b)为用光敏树脂制造的连体婴儿头颅模型，可以看出其中的血管分布状况全部被原样成形出来。

　　这次成功而且精确的手术准备了一年的时间。一个医疗小组利用图 9-2(b)所示的三维光固化(SL)解剖模型以及其他几十个骨骼、皮肤、大脑和经脉

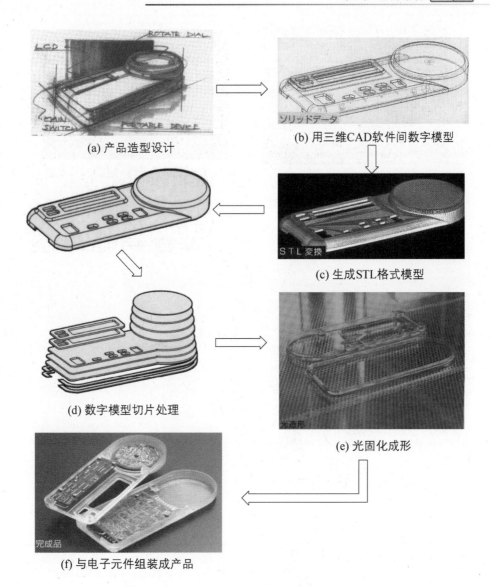

(a) 产品造型设计

(b) 用三维CAD软件间数字模型

(c) 生成STL格式模型

(d) 数字模型切片处理

(e) 光固化成形

(f) 与电子元件组装成产品

图 9-1 电子产品外形设计及 3D 打印过程

系统的模型，准备了 34 h 的全方位手术方案。制造这些解剖模型使用的是一种独特的可选择性着色的医用光固化材料。研究人员首先对 Ahmed 和 Mohamed 进行 MRI 和 CT 扫描，然后用这种材料来制造复杂的模型。模型把头骨部分清晰地表达出来，并且把这对连体头颅共有的复杂的血管系统用红色标记了出来。

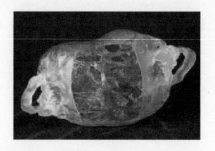

(a)　　　　　　　　　　　　　　　(b)

图 9-2　用光固化成形技术制造模型辅助外科手术的案例

9.3　在模具制造中的应用

　　图 9-3 是光固化成形技术应用于注塑模快速制造的案例，产品是一个电子秤的外壳。产品开发过程的第一步是在计算机上用三维图形软件设计、建构该产品的数字模型并注塑该产品的模具模型，如图 9-3(a)所示；第二步是将模具的三维模型转换成 STL 格式模型，输入到光固化成形系统中，制造成树脂

(a) 产品及其模具的三维数字模型　　　　(b) 用光固化技术制造的树脂模具

(c) 用硅橡胶材料和真空注型技术
制造的软模具

(d) 由树脂镶块和钢制模架组成的模具

图 9-3　应用光固化成形技术制作注塑模具

模具，如图9-3(b)所示；第三步是用硅橡胶材料和真空注型技术制造一个过渡软模具，如图9-3(c)所示；第四步是用上述的硅橡胶模具和低压灌注技术制作出树脂凸、凹模镶块，与钢制模架组合成注塑模具，如图9-3(d)所示。

用上述组合模具即可小批量制造出产品，如图9-4所示。图9-5所示为用这种工艺路线制作的壳体件与电子元件组装在一起的电子秤产品。

图9-4 注塑件

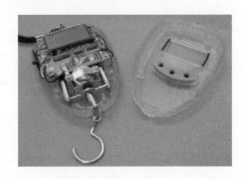

图9-5 电子秤产品组装图

9.4 其他应用案例

图9-6～图9-15所示为光固化成形技术在其他各领域中应用的案例。

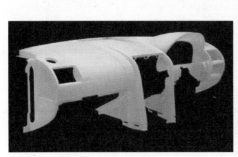

图9-6 汽车内饰件——前面板

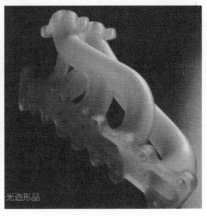

图9-7 汽车发动机排气管

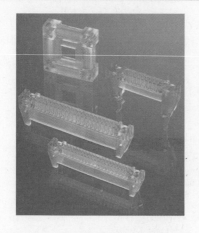

图9-8　计算机电路板和芯片接插件

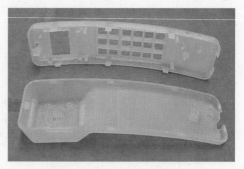

图9-9　无绳电话机壳

图9-10　珠宝首饰

图9-11　仿雕塑艺术品

图9-12　农业灌溉中节水微滴头

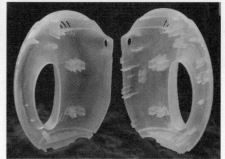

图9-13　家用电水壶壳体

图9-14 翼龙模型

图9-15 在医学上的应用

参 考 文 献

[1] 莫健华. 快速成形及快速制模. 北京：电子工业出版社，2006.

[2] 莫健华. 中国模具工程大典，第1卷，第4篇快速成形与快速制模. 北京：电子工业出版社，2007.

[3] 莫健华. 液态树脂光固化增材制造技术. 武汉：华中科技大学出版社，2013.

[4] Paul F. Jacobs. Stereolithography and Other RP&M Technologies-from Rapid Prototyping to Rapid Tooling. New York：ASME Press, 1996.

[5] Pang, Th.. Stereolithography Epoxy Resins SL 5170 and SL 5180：Accuracy, Dimensional Stability, and Mechanical Properties. Proceedings of the Solid Freeform Fabrication Symposium, Austin, TX：University of Texas, 1994.

[6] Paul F. Jacobs. Rapid Prototyping & Manufacturing - Fundamentals of Stereolithography. New York：Published by Society of Manufacturing Engineers, 1992.

[7] 中川威雄，丸谷洋二. 積層造形システム—三次元技術の新展開. 東京：工業調査会，1996.

[8] 丸谷洋二，大川和夫，早野誠治，等. 光造形法—レーザによる3次元プロッタ. 東京：日刊工業新聞社，1990.

[9] 黄树槐，肖跃加，莫健华. 快速成形技术的展望. 中国机械工程，2000,11(1).

[10] 王运赣. 快速成型技术. 武汉：华中科技大学出版社，1998.

[11] 王运赣，张祥林. 微滴喷射自由成形. 武汉：华中科技大学出版社，2009.

[12] 钱知勉. 塑料性能应用. 上海：上海科学技术文献出版社，1987.

[13] 吕世光. 塑料助剂手册. 北京：中国轻工业出版社，1986.

[14] 杨世英，陈栋传，等. 工程塑料手册. 北京：中国纺织出版社，1994.

[15] 王文广. 塑料材料的选用. 北京：化学工业出版社，2001.

[16] 王德中. 功能高分子材料. 北京：中国物资出版社，1998.

[17] 赵文元，王亦军. 功能高分子材料化学. 北京：化学工业出版社，1996.

[18] 王德中. 环氧树脂生产与应用. 北京：化学工业出版社，2001.

[19] Huang bing, Mo jianhua, Liu houcai, et. al. The Properties of an UV

Curable Support Material Pre-polymer for Three Dimensionnal Printing. *Journal of Wuhan University of Technology-Materials Science*：2010, 25(2).

[20] 刘海涛, 莫健华, 黄兵. 一种光固化 3DP 实体材料树脂. 高分子材料科学与工程, 2009, 25(7).

[21] 刘海涛, 黄树槐, 莫健华, 等. 光敏树脂对快速原型件表面质量的影响. 高分子材料科学与工程, 2007, 23(5).

[22] 何勇, 莫健华, 范准峰. 光固化快速成形中激光液位检测系统的设计. 激光杂志, 2007：28(4).

[23] 潘翔, 莫健华, 冯昕, 等. 光固化成形中的变补偿量扫描研究. 激光杂志, 2007：28(4).

[24] 高永强, 莫健华, 黄树槐. A method of dealing polygon's self-intersection contour in SLA. Journal of Harbin Institute of Technology(New Series), 14(2).

[25] 祝萍, 莫健华, 等. 光固化成形系统激光光斑光强度分布检测方法研究. 激光杂志, 2006, 27(6).

[26] 范准峰, 莫健华, 高永强, 等. 光固化快速成形激光功率检测系统设计. 激光杂志, 2006, 27(6).

[27] 甘志伟, 莫健华, 黄树槐. Development of a Hybrid Photopolymer for Stereolithograpuy, Journal of Wuhan University of Technology. 武汉理工大学学报, 2006：21(1).

[28] 张琳琳, 莫健华, 甘志伟, 等. 一种新型脂环族环氧树脂丙烯酸酯的紫外光固化. 高分子材料科学与工程, 2005, 21(6).

[29] 高永强, 莫健华, 黄树槐. 激光静态聚焦系统对 SLA 件精度的影响及改进. 激光杂志, 2005, 26(5).

[30] 高永强, 莫健华, 黄树槐. 高精度光固化快速成形机控制系统的设计及实现. 锻压装备与制造技术, 2005(1).

[31] 祝萍, 莫健华. 光固化成形扫描系统坐标漂移检测与校正研究. 2005 年第二届国际模具技术会议论文集. 北京：机械工业出版社, 2005.

[32] 黄笔武, 莫健华, 黄树槐. 光敏预聚物丙三醇三缩水甘油醚三丙烯酸酯的合成. 精细化工, 21(10).

[33] 黄笔武, 黄树槐, 莫健华. Synthesis of photosensitive diluent of butyl glycidylether acrylate. 华中科技大学学报, 2004, 32(12).

[34] 黄笔武, 黄树槐, 莫健华. 乙二醇二缩水甘油醚二丙烯酸酯的合成及应

用. 华中科技大学学报, 2004, 32(11).

[35] 邹建锋, 莫健华, 黄树槐. 用光斑补偿法改进光固化成形件精度研究. 华中科技大学学报, 2004, 32(10).

[36] 董学珍, 莫健华, 张李超. 光固化快速成形中柱形支撑生成算法研究. 华中科技大学学报, 2004, 32(8).

[37] 甘志伟, 莫健华, 黄树槐. 可见激光快速成形光固化树脂的研究. 快速成形与快速制造论文集. 北京: 中国原子能出版社, 2004.

[38] 谢璇, 莫健华, 黄树槐, 等. 对紫外光固化中光敏树脂稀释剂的研究. 材料科学与工艺, 2004(3).

[39] 王静, 莫健华, 杨劲松, 等. 激光固化快速成形技术中环氧树脂/碘鎓盐的应用. 工程塑料应用, 2004(6).

[40] 甘志伟, 莫健华. 低粘度光敏树脂的合成和表征. 化学推进剂与高分子材料, 2003(6).

[41] 林柳兰, 莫健华. 快速成形材料及应用. 机械工人(冷加工), 2003(08).

[42] 董祥忠, 莫健华, 史玉升, 等. 基于快速制造新型注塑模具设计的探讨. 工程塑料应用, 2003, 31(4).

[43] 章程斌, 莫健华, 黄树槐. 光固化成形系统激光束光斑的在线检测与位置补偿. 激光杂志, 2003, 24(3).

[44] 莫健华, 等. 快速成形技术的发展. 机械工人(热加工), 2001(3).

[45] 林柳兰, 莫健华, 等. Material of Indirect Tooling in Rapid Prototyping. 第一届国际模具技术会议论文集, 北京: [出版者不祥], 2000.